U0102067

本书的出版得到了全国重点马克思主义学院建设、
上海市高校思政课教指委建设立项资助

教育与传播·"近思"文献读本

丛书主编：肖巍

可持续发展与生态文明

THE SUSTAINABLE DEVELOPMENT AND THE ECOLOGICAL CIVILIZATION

韩欲立———— 编

天津出版传媒集团

天津人民出版社

图书在版编目（CIP）数据

可持续发展与生态文明 / 韩欲立编. —— 天津：天津人民出版社, 2019.12

（马克思主义学院望道书系 / 肖巍主编. 教育与传播·"近思"文献读本）

ISBN 978-7-201-15800-6

Ⅰ.①可… Ⅱ.①韩… Ⅲ.①生态环境 – 可持续发展 – 研究 Ⅳ.①X171.1

中国版本图书馆 CIP 数据核字（2020）第 019382 号

可持续发展与生态文明
KECHIXU FAZHAN YU SHENGTAI WENMING

出　　版	天津人民出版社
出 版 人	刘　庆
地　　址	天津市和平区西康路35号康岳大厦
邮政编码	300051
邮购电话	（022）23332469
网　　址	http://www.tjrmcbs.com
电子信箱	reader@tjrmcbs.com

策划编辑	王　康
责任编辑	王佳欢
特约编辑	武建臣
封面设计	明轩文化·王烨

印　　刷	三河市华润印刷有限公司
经　　销	新华书店
开　　本	710毫米×1000毫米 1/16
印　　张	17.5
插　　页	2
字　　数	250千字
版次印次	2019年12月第1版　2019年12月第1次印刷
定　　价	78.00元

版权所有 侵权必究

图书如出现印装质量问题，请致电联系调换（022-23332469）

总　序

中国特色社会主义进入新时代,中国与世界的关系在已发生历史性变化的基础上又面临许多新变化新课题。中国积极推进"四个全面"战略布局,努力为促进世界可持续发展提供新动力新方案,积极推进全球治理体系和治理方式的变革。与此同时,为了保证中国发展坚持正确的方向,国家领导人发表了很有针对性也很有分量的讲话,并论证了新时代意识形态工作的极端重要性。在这些论述的指导和鼓舞下,意识形态领域出现了令人振奋的新气象。但是如何构建反映中国改革开放和现代化潮流、符合中国特色社会主义建设和发展需要的意识形态,仍然是我们要认真对待并积极做好的事情。

在当代中国,社会主义意识形态必须正视若干挑战:

一是由资本主导的现代生产生活方式的挑战。资本是这个世界上最强势的"物化"力量,科学技术的巨大成就所标榜的所谓"价值中立""工具理性"和效用(功利)主义,往往使人们丧失了对为什么要这样做的价值追问。物质日益丰富和技术更新换代、生活标准的提高、消费观念的刷新,极大地改变了人们的生活方式和消费习惯,通过各种手段刺激起来的消费欲望也在吞噬着劳动的快乐,淹没了人的审美情趣和精神向往,导致出现相当普遍的价值迷失现象。

二是数字技术和网络传播方式的挑战。数字技术发展和网络传播方式的增多大大拓展了人们的视野,丰富了人们的精神生活,激活了人们的参与热情,也促使人们对公共话题的思维方式和表达方式发生了很大变化。信息选择多样性和价值取向多元化,在相当程度上冲击了主流意识形态的导向和控制力,弱化了大众尤其是青年人对主流意识形态的认同。网络强大的渗透功能也为各种势力的价值观传播提供了技术条件,"互联网＋"时代意识形态建设和社会主义核心价值观培育践行的难度不可低估。

三是全球化及其"逆袭"带来的外来思想挑战。冷战终结,直接导致人们对于苏联解体大相径庭的认知和解释,反映了价值观层面的严重困惑。在全球化跌宕起伏的过程中,西方价值观凭借着先进技术和话语权优势,通过各种政策主张有所表现而产生了不小的影响,但由于安全、气候、移民、核控等一系列全球治理问题陷入困境,地方性的民族认同和文化认同遭遇前所未有的危机,催生了新型民粹主义、民族主义和激进主义的思想温床,甚至出现了某些极端势力。

四是与我国发展转型改革开放不适应的各种社会思潮挑战。我国社会基本矛盾已经发生变化,发展不平衡不充分问题尤为突出,利益多元化和价值观疏离也已是不争的事实。文化保守主义刻意强调某些与现代化精神格格不入的东西,并把它们当作抑制现代病、克服人心不古的"良药";历史虚无主义否定历史进程的必然性,否定中国现代化艰难探索和中国革命的伟大意义,否定中国共产党执政的合法性;发展转型还遇到创新能力、改革动力、政策执行力不足的困扰,出现了明里暗里否定改革开放的思潮,以及令人担忧的蔓延之势。

新时代中国特色社会主义致力于解决各种"发展以后的问题",但相对于经济建设、制度建设作为国家建设的"硬件"比较"实",文化建设、意识形态建设作为国家建设的"软件"仍然比较"虚",意识形态建设能否取得实效,就要看其是否既能反映"发展以人民为中心"这个原则,又能用主流意识形态引领各种社会思潮,最大限度地满足人民群众,尤其是青年人的获得感、幸福感、安全感。实现意识形态的"最大公约数",还要靠我们一起努力。

当代中国的意识形态建设毫无疑问要坚持社会主义方向,同时要体现中国特色,弘扬中国精神,还要拥有时代情怀,开阔全球视野。

这样的意识形态建设是自主的。中国特色社会主义实践蕴涵着丰富的思想内容,包括以人为本、发展优先、社会和谐、国家富强、天下为怀。这些内涵构成了充满自信的"法宝",并以此增强主旋律思想的生命力、凝聚力、感召力,防止在与各种社会思潮的互动碰撞中随波逐流、进退失据,拥有中国特色社会主义建设者所应具备的思想素质和自信心,为实现中华民族伟大复兴提供值得期待的价值观愿景。

这样的意识形态建设是包容的。在改革开放和社会转型的过程中,各种思想思潮都有其存在的合理性,或将与主流意识形态长期共存,有交流交融也有交锋。我们必须充分了解它们的来龙去脉,以我为主、为我所用,积极加以引导,最大限度地凝聚思想共识,最大限度地发挥各方面的积极性。我们还应遵循"古为今用,洋为中用"的原则,有选择地吸纳、消化古今中外一切优秀成果,服务于意识形态建设这个目标。

这样的意识形态建设是中道的。各种社会思想思潮既有个性,又有共性。有个性,就有比较;有共性,就可以借鉴。这就要求我们在比较借鉴的基础上,取长补短,举一反三,中道取胜,同时警惕极端的、偏激的思想干扰。思想引领既要坚决,又要适度,避免"不及"与"过头"。既不能放弃原则,一味求和,害怕斗争,又不能草木皆兵,反应过度;既保持坚定的思想立场,也讲求对话交流的艺术。

这样的意识形态建设是创新的。与我国协调推进"四个全面"战略布局相适应,宣传思想工作切不能墨守成规,包括理论资源、话语体系、表达方式、传播手段等都要主动求"变",主动利用现代传播手段,打造主流思想传播的新理念、新形象、新渠道、新载体。这就对在讲好中国故事的同时提供中国方案提出了更高的创新要求,即通过教育引导、舆论宣传、文化熏陶、实践养成、制度保障,使之有机融入意识形态工作的方方面面。

新时代中国特色社会主义的伟大实践正在"给理论创造、学术繁荣提供强大动力和广阔空间"。为此,我们推出这套意识形态建设基本文献读本

（选编），并设定若干主题，包括当代国外经济、社会、政治、文化、科技、生态等理论和方法，以及与意识形态建设有关的领域的思想资源。我们尽量从二战后，特别是冷战终结以来的具有代表性的著述中选取资源，分门别类地加以筛选、整理。希望读者一卷在手，就能够比较便捷地对这些领域的观念沿革、问题聚焦和思想贡献有一个大概的了解。这套读本是复旦大学马克思主义学院学科建设的资助项目，同时也获得了上海市研究生思想政治理论课教学指导委员会的支持。这套丛书不单是关于意识形态建设的文献选编，也可以作为马克思主义理论学科建设、思想政治理论课教学、马克思主义学院研究生培养的参考用书，还可以作为人文社会科学相关学科、专业研究生教学和研究的通识教育读本。

是为序。

肖　巍

2019 年秋于复旦大学光华楼

目 录

Contents

三、研究文摘

选编说明

　　本书主要梳理了可持续发展观念和生态文明思想形成和发展的思想史和实践成果。

　　近代资本主义工业文明的产生带来的人与自然关系的高度紧张，向现代文明提出了以往世代从未提出的命题——"自然是什么?""人与自然的关系如何处理?""发展的目的是什么?"等，对这些命题的真正具有历史深度的回答显然应当超越造成这一问题的资本主义的思想和制度的逻辑框架。也就是说，一种超越资本中心的可持续发展观念和超越现代工业文明的生态文明构想被历史地提到了人类面前。对这个重大课题的研究，我们从文献的角度重新追溯对资本主义工业文明体制的批判思想，并充分考量了中国化马克思主义对可持续发展和生态文明的世界性贡献，考量了世界性环境共识所形成的行动纲领和文件，考量了发达国家和发展中国家知识分子对该课题的学术反思成果，最终形成了本书。

　　如前所述，作为对资本批判最重要的思想成果，马克思主义的可持续发展思想为我们超越资本逻辑来看待现代文明与经济发展问题提供了重要的观念和方法框架。尽管自20世纪70年代环境运动兴起以来，马克思被错误地指责为一个反生态的思想家，但事实上，在文献全景视角下的马克思已被生态马克思主义证明具备了一种更加深刻的和系统的生态唯物主义世界观，作为这个世界观的组成部分，可持续发展和生态文明不仅是一种经济发展的新形态，而且是一种未来人类文明的基本构成框架。成熟时期的马克思之所以更加关注"生产"和"工业"，并非因为他缺乏生态关怀，而是因为在他看来，对人的解放就是对自然的解放，而在资本主义条件下，工业和生产只能采取压抑或剥夺自然和人的不道德形式，资本主义大工业和农业造成的物质变换断裂是对自然的恶的根源。在这个意义上，马克思的生态思想建立在对资本主义生态的政治经济学批判基础上，因而是表现出批判的经济学特征。在马克思那里，生态关怀就转变为更加广泛的政治和经济变革的成果之一。

本书选编了马克思和恩格斯关于生态问题的思索，这些集中呈现在读者面前的经典作家论述将促使我们思考，如何在经济发展和生态合理规划的双重视域下，既满足目前的需要，又不危及子孙后代满足他们的需要的能力？这条可持续发展之路将与资本主义向社会主义的转变紧密联系在一起，可持续发展理念要求超越传统政治经济学的"经济人"和"理性人"对经济发展的物质增长设定，即从原则高度上，可持续发展认为实现经济发展的目的是为了促使每一个人达到"全面自由发展的人"，这一点必然与社会主义的以需要为界限、以人的全面发展为目的的根本原则发生勾连。马克思在建构新世界观的过程中，尽管并没有系统地建构他的生态哲学，但是在马克思那里，共产主义的实现本身内在地包含了人与自然关系的和解，因为人与自然关系的实质是人与人的关系，当人类完成在政治和社会领域中实现自我解放的时候，自然也就完成了解放。理解马克思的自然概念不能离开历史唯物主义的观点，马克思的生态思想在人与自然的关系、技术与自然的关系、资本与自然的关系，以及共产主义与自然的关系中获得全面的建构。

在可持续发展和生态文明的探索方面，中国化马克思主义在雄心勃勃地实现中国现代化蓝图的同时,也遭遇了现代化进程中的普遍性问题,即生产力扩充的经济渴望与自然生态系统有限支撑之间的矛盾。由于中国现代化的开端是在一个较为薄弱的基础上开始的,因此中国化马克思主义的可持续发展思想和生态自觉也是一个逐渐清晰并最终形成一个宏伟的发展蓝图的过程。为了充分展现这一思想和实践历程,本书也对可持续发展思想和生态文明建设在中国的发展历程进行了阐述。

毛泽东在平衡现代工业、农业生产与自然环境关系方面提出了宏观方针和具体政策。从政策顶层来看,毛泽东强调生态保护与综合利用并重的原则,强调要尽一切努力最大限度保存一切可用的生产资料和生活资料,反对对生产资料和生活资料的破坏和浪费。另外,在具体政策和实现路径方面,毛泽东具体提出了一系列措施,比如发起植树造林的全国性运动,鼓励节约,同时开发新能源,用更大的力气来发展水利,治理水患。应该说,毛泽东时期中国在可持续发展方面结合经济和生产发展的经验,积累了综合治理的经验,为未来更为完整的可持续发展思想的提出打下了坚实的基础。

改革开放伊始,邓小平积极借鉴西方发达国家的发展经验,一方面看到西方科技发展与经济发展与我国的巨大差距;另一方面,西方国家无视自然的极限的无限制增长模式也逐渐呈现难以克服的弊端。20世纪80年代,邓小平开始对生态保护与经济发展的关系作出了具有前瞻性的判断,要求各省市不论是发展工业也好,搞好城市建设也好,都不要忘了把环境保护好,强调科学地推进生态、社会和经济的协同发展。邓小平提出科学技术是第一生产力,因此十分重视通过科技进步来促进生态环境的改善,比如他对农村发展沼气能源的鼓励,对清洁能源发展的赞赏。20世纪80年代国务院办公厅颁布了我国第一部《环境保护技术政策要点》,从制度设计层面推动环保技术的发展。从邓小平时代开始,法制成为生态文明建设的重要保障,在宪法和环境保护法等基础上,更多的具体法律从资源利用、污染防治和植被保护等方面,更加切实的调节生产和生活领域中的经济活动。

20世纪90年代以后,中国现代化进程进一步加快,江泽民逐渐认识到在加强生态文明建设中环境保护意识提高的重要作用，着重通过宣传与教育提高环保意识，特别是由于改革开放的成功使得老百姓消费水平逐渐提高。因此，从制度层面上认识到消费结构要合理，消费方式要有利于环境和资源保护，绝不能搞脱离生产力发展水平、浪费资源的高消费。党的十六大报告进一步提出要求，可持续发展能力不断增强，生态环境得到改善，资源利用效率显著提高，促进人与自然的和谐，推动整个社会走上生产发展、生活富裕、生态良好的文明发展道路。

胡锦涛在新世纪继承和发展了毛泽东、邓小平和江泽民的生态文明思想。党的十七大报告首次提出生态文明建设，强调把建设资源节约和环境友好型社会放在现代化发展战略的突出位置。胡锦涛提出，以可持续发展思想指导经济和社会发展，强调发展绿色经济、循环经济和低碳经济。在全国范围内树立起"建设生态文明，是关系人民福祉、关乎民族未来的长远大计"的理念，将生态文明建设提到更高的战略地位。

党的十八大以来，习近平从中国特色社会主义建设"五位一体"的战略角度，将生态文明建设提升到中华民族的千年大计的高度，将生态理念融入中国现代化建设的全过程。在经济领域，开始了一系列重大的生态修复工程；在政治领域，启动了以生态问责为核心的新型政绩考核目标体系，以更加严厉的法制手段来加快生态文明体制的改革。

从可持续发展与生态文明建设在中国的发展历程中，我们看到中国的现代化之路正在努力避免生态断裂造成的现代化断裂的危险，提出"生态文明"则意味着对自然和社会的系统性修复，这种修复的道路根基是社会主义的，对资本过度侵蚀进行有效约束，以生态理性约束经济理性，以人性约束物欲，以理性的需要来约束消费的欲望。对中国化马克思主义来说，生态文明所建构的虽然从直接性上看是人与自然的关系，但究其根本仍然是人与人的关系，可持续发展作为代际平等的伦理关系，生态伦理作为人与自然平等的伦理关系，社会主义作为人与人平等的伦理关系取得了一致的哲学基础，那么"自由、平等"等价值的概括事实上包含了三个层面的价值关系，即代际的自由和平等关系、人与自然的自由和平等关系以及人与人之间的自由和平等关系。

20世纪70年代以后，欧美发达国家的大规模工业生产面临着生态环境无法支撑的危机，资本主义社会发展与生态环境之间的矛盾，造成现代西方社会批判理论朝向经济的、政治的和文化的生态维度进展。本书汇编的1972年以来的一系列基于可持续发展与环境合作的国际性公约和宣言表明，生态问题的普世性和国际合作在解决人类共同面对的危机过程中所扮演的重要作用。1972年的《联合国人类环境会议宣言》第一次为国际环境保护提供了各国在政治上和道义上必须遵守的规范，总结和概括了制定国际环境法的基本原则和具体原则，并为各国国内环境法的制定指明了方向。1992年的联合国环境与发展大会，通过了关于环境与发展的《里约热内卢宣言》和《21世纪议程》，154个国家签署了《气候变化框架公约》，148个国家签署了《保护生物多样性公约》。大会还通过了有关森林保护的非法律性文件《关于森林问题的政府声明》。"里约宣言"指出，和平、发展和保护环境是互相依存、不可分割的，世界各国应在环境与发展领域加强国际合作，为建立一种新的、公平的全球伙伴关系而努力。《2030年可持续发展议程》将持续发展目标建立在千年发展目标所取得的成就之上，旨在进一步消除一切形式的贫穷。新目标的独特之处在于呼吁所有国家，包括穷国、富国和中等收入国家，共同采取行动，促进繁荣并保护地球。声明在致力于消除贫穷的同时，需实施促进经济增长，满足教育、卫生、社会保护和就业机会等社会需求，并应对气候变化和环境保护的战略。

本书也汇编了具有前瞻性的经济学家、政治学家和社会学家的理论著述，其中既有发达国家知识分子的思考成果，也有第三世界国家知识分子的反思结晶。罗马俱乐部40年前基于人口增长率和资源消耗速度不变的设定，认为由于粮食短缺或者资源耗竭以及环境污染，世界人口和工业增长将会在2100年前后遭遇不可控的崩溃。罗马俱乐部的研究作为可持续发展问题的研究先驱，引发了40余年来学术理论、经济治理以及国际合作的重大变迁。1987年,世界环境和发展委员会向联合国大会提交了《我们共同的未来》的报告,正式提出了可持续发展的模式。1992年,联合国在里约热内卢召开的环境与发展大会通过了《里约热内卢宣言》与《21世纪议程》,标志着可持续发展的理论最终形成并成为世界各国的共识。罗马俱乐部的研究尽管具有足够的警示性,但是并未触及生态极限的更为本质的层面。

20世纪60年代以来,环境运动的左翼思想从对资本主义制度的反抗入手,积极从马克思主义中获取对资本主义本质的认知,并将之运用到现实政治批判当中。萨卡在反思苏联经济发展的基础上,对生态资本主义和市场社会主义的生态状况进行了斥责和批判。他认为,实现生态正义既不能依靠资本主义,也不能依靠传统的社会主义,唯一可行的路径是走可持续的生态社会主义道路。萨卡从生态原则出发,试图通过实行经济紧缩政策,把自然资源的开发和利用限定在增长极限的范围内,并通过培育与经济紧缩政策相适应的生态价值观进而建立一个平等、公正的生态社会新秩序来实现生态正义。

福斯特通过重新梳理马克思的唯物主义的哲学渊源,证明了两个问题:第一,马克思的社会历史分析的根基是在彻底的唯物主义哲学基础之上的;第二,马克思哲学的唯物主义本质证明马克思的社会历史系统是"自然—社会"的"物质变换"系统,该循环的持续和稳定是社会历史发展的最重要的前提条件,而资本主义条件下的人的经济活动和技术活动造成了这个循环的断裂。这是当前一切危机的唯物主义总根源。

奥康纳以"自然"和"文化"回归历史唯物主义为理论起点,系统阐述了颇具特色的资本主义"第二重矛盾",并以"双重矛盾"及其导致的"双重危机"为理论武器,对资本主义现实展开全方位的生态批判,在解决生态危机的道路上以生产性正义为导向构建出人与自然和谐发展的生态社会主义。日本学者岩佐茂从实践唯物论的角度批判资本的逻辑是如何造成环境破坏的,提出"控制自然"的实质是要"控制人与自然的关系",而解决生态危机的根本出路在于构建以生活的逻辑为主导的生态社会主义。

　　刘湘溶和张晓玲代表了一部分国内学者对生态文明论的思考路径,即生态文明的核心价值理念及其实现模式应当是什么样的？站在中国的立场上,西方的反现代工业和反现代科技的后现代主义生态主义潮流是无法接受的,因此中国语境下的生态文明是在工业文明的基础上所形成的一种新的文明形态。它并不是要逆现代性和逆全球化而行,而是要继承和保留现代工业文明的优秀成果,克服工业文明的缺失和不足。而从工业文明的历史发展过程来看,其主要缺失就在于文明自身的扩张性品格导致各种矛盾和冲突频繁发生,导致人类的生存环境不断恶化。所以生态文明所要解决的问题就是要调整人类文明的发展方向,减少文明的扩张性和对抗性因素,实现人与人、人与自然的和谐。因此,环境伦理的实践路径希望能够从日常生活层面重塑中国人的生活方式,以及中国经济社会的治理方式。

　　由于篇幅限制,本书选取文献的原则着重于代表性而非全面性。中国领导人与中央文件近年来有关生态文明的论述日益增多,从历史与逻辑统一的角度,有一部分涉及具体措施和政策落实的文献和论述没有收到本书中,但是这并不表明这些文献不重要。在学术研究部分,对可持续发展和生态文明的研究可谓浩如烟海,从代表性原则出发,本书呈现的主要是四个研究类型:第一,生态困境的普世性和紧迫性;第二,可持续发展的哲学基础;第三,生态危机的社会经济原因;第四,生态文明的内涵与实践路径。

　　由于编者的学术视野和学术辨识能力有限,本书尚存诸多欠缺之处,敬请读者批评指正。

一

经典作家论述

1. 打开了的关于人的本质力量的书

　　我们看到,工业的历史和工业的已经产生的对象性的存在,是一本打开了的关于人的本质力量的书,是感性地摆在我们面前的人的心理学;对这种心理学人们至今还没有从它同人的本质的联系,而总是仅仅从外在的有用性这种关系来理解,因为在异化范围内活动的人们仅仅把人的普遍存在,宗教,或者具有抽象普遍性质的历史,如政治、艺术和文学等等,[IX]理解为人的本质力量的现实性和人的类活动。在通常的、物质的工业中(人们可以把这种工业理解为上述普遍运动的一部分,正像可以把这个运动本身理解为工业的一个特殊部分一样,因为全部人的活动迄今为止都是劳动,也就是工业,就是同自身相异化的活动),人的对象化的本质力量以感性的、异己的、有用的对象的形式,以异化的形式呈现在我们面前。如果心理学还没有打开这本书即历史的这个恰恰最容易感知的、最容易理解的部分,那么这种心理学就不能成为内容确实丰富的和真正的科学。如果科学从人的活动的如此广泛的丰富性中只知道那种可以用"需要""一般需要!"的话来表达的东西,那么人们对于这种高傲地撇开人的劳动的这一巨大部分而不感觉自身不足的科学究竟应该怎样想呢?

　　自然科学展开了大规模的活动并且占有了不断增多的材料。而哲学对自然科学始终是疏远的,正像自然科学对哲学也始终是疏远的一样。过去把它们暂时结合起来,不过是离奇的幻想。存在着结合的意志,但缺少结合的能力。甚至历史学也只是顺便地考虑到自然科学,仅仅把它看作是启蒙、有用性和某些伟大发现的因素。然而,自然科学却通过工业日益在实践上进入人的生活,改造人的生活,并为人的解放做准备,尽管它不得不直接地使非人化充分发展。工业是自然界同人之间,因而也是自然科学对人的现实的历史关系。因此,如果把工业看成人的本质力量的公开的展示,那么自然界的人的本质,或者人的自然的本质,也就可以理解了;因此,自然科学将失去它的抽象物质的方向或者不如说是唯心主义的方向,并且将成为人的科学的基础,正像它现在已经——尽管以异化的形式——成了真正人的生活的基础一样;说生活还有别的什么基础,科学还有别的什么基础——这根本就是谎言。在人类历史中即在人类社会的产生过程中生成的自然界,是人的现实的自然界;因此,通过工业——尽管以异化的形式——形成的自然界,是真正的、人本学的自然界。

感性(见费尔巴哈)必须是一切科学的基础。科学只有从感性意识和感性需要这两种形式的感性出发,因而,科学只有从自然界出发,才是现实的科学。可见,全部历史是为了使"人"成为感性意识的对象和使"人作为人"的需要成为需要而做准备的历史(发展的历史)。历史本身是自然史的即自然成为人这一过程的一个现实部分。自然科学往后将包括关于人的科学,正像关于人的科学包括自然科学一样:这将是一门科学。〔X〕人是自然科学的直接对象;因为直接的感性自然界,对人来说直接是人的感性(这是同一个说法),直接是另一个对他来说感性地存在着的人;因为他自己的感性,只有通过别人,才对他本身来说是人的感性。但是,自然界是关于人的科学的直接对象。人的第一个对象——人——就是自然界、感性;而那些特殊的、人的、感性的本质力量,正如它们只有在自然对象中才能得到客观的实现一样,只有在关于一般自然界的科学中才能获得它们的自我认识。思维本身的要素,思想的生命表现的要素,即语言,是感性的自然界。自然界的社会的现实和人的自然科学或关于人的自然科学,是同一个说法。

任何一个存在物只有当它用自己的双脚站立的时候,才认为自己是独立的,而且只有当它依靠自己而存在的时候,它才是用自己的双脚站立的。靠别人恩典为生的人,把自己看成一个从属的存在物。但是,如果我不仅靠别人维持我的生活,而且别人还创造了我的生活,别人还是我的生活的泉源,那么我就完全靠别人的恩典为生;如果我的生活不是我自己的创造,那么我的生活就必定在我之外有这样一个根源。所以,创造是一个很难从人民意识中排除的观念。自然界的和人的通过自身的存在,对人民意识来说是不能理解的,因为这种存在是同实际生活的一切明显的事实相矛盾的。

大地创造说,受到了地球构造学即说明地球的形成、生成是一个过程、一种自我产生的科学的致命打击。自然发生说是对创世说的惟一实际的驳斥。

现在对单个人讲讲亚里士多德已经说过的下面这句话,当然是容易的:你是你父亲和你母亲所生;这就是说,在你身上,两个人的交媾即人的类行为生产了人。这样,你看到,人的肉体的存在也要归功于人。因此,你应该不是仅仅注意一个方面即无限的过程,由于这个过程你会进一步发问:谁生出了我的父亲? 谁生出了他的祖父? 等等。你还应该紧紧盯住这个无限过程中的那个可以感觉直观的循环运动,由于这个运动,人通过生儿育女使自身重复出现,因而人始终是主体。

但是,你会回答说:我承认这个循环运动,那么你也要承认那个无限的过程,这过程驱使我不断追问,直到提出问题:谁生出了第一个人和整个自然界?

我只能对你做如下的回答:你的问题本身就是抽象的产物。请你问一下自己,你是怎样想到这个问题的;请你问一下自己,你的问题是不是来自一个因为荒谬而使我无法回答的观点。请你问一下自己,那个无限的过程本身对理性的思维说来是否存在。既然你提出自然界和人的创造问题,你也就把人和自然界抽象掉了。你设定它们是不存在的,你却希望我向你证明它们是存在的。那我就对你说:放弃你的抽象,你也就会放弃你的问题,或者,你要坚持自己的抽象,你就要贯彻到底,如果你设想人和自然界是不存在的,那么你就要设想你自己也是不存在的,因为你自己也是自然界和人。不要那样想,也不要那样向我提问,因为你一旦那样想,那样提问,你把自然界和人的存在抽象掉,这就没有任何意义的。也许你是一个设定一切都不存在,而自己却想存在的利己主义者吧?

你可能反驳我:我并不想设定自然界等等不存在;我是问你自然界的形成过程,正像我问解剖学家骨骼如何形成等等一样。

但是,因为对社会主义的人来说,整个所谓世界历史不外是人通过人的劳动而诞生的过程,是自然界对人来说的生成过程,所以关于他通过自身而诞生、关于他的形成过程,他有直观的、无可辩驳的证明。因为人和自然界的实在性,即人对人来说作为自然界的存在以及自然界对人来说作为人的存在,已经成为实际的、可以通过感觉直观的,所以关于某种异己的存在物,关于凌驾于自然界和人之上的存在物的问题,即包含着对自然界和人的非实在性的承认的问题,实际上已经成为不可能的了。无神论,作为对这种非实在性的否定,已不再有任何意义,因为无神论是对神的否定,并且通过这种否定而设定人的存在;但是,社会主义作为社会主义已经不再需要这样的中介;它是从把人和自然界看作本质这种理论上和实践上的感性意识开始的。社会主义是人的不再以宗教的扬弃为中介的积极的自我意识,正像现实生活是人的不再以私有财产的扬弃即共产主义为中介的积极的现实一样。共产主义是作为否定的否定的肯定,因此,它是人的解放和复原的一个现实的、对下一段历史发展来说是必然的环节。共产主义是最近将来的必然的形式和有效的原则。但是,共产主义本身并不是人的发展的目标,并不是人的社会的形式。

选自马克思:《1844年经济学哲学手稿》,人民出版社,2000年,第88~93页。

2. 历史与自然

实际上，而且对实践的唯物主义者即共产主义者来说，全部问题都在于使现存世界革命化，实际地反对并改变现存的事物。如果在费尔巴哈那里有时也遇见类似的观点，那么它们始终不过是一些零星的猜测，而且对费尔巴哈的总的观点的影响微乎其微，以致只能把它们看作是具有发展能力的萌芽。费尔巴哈对感性世界的"理解"一方面仅仅局限于对这一世界的单纯的直观，另一方面仅仅局限于单纯的感觉。费尔巴哈设定的是"人"，而不是"现实的历史的人"。"人"实际上是"德国人"。在前一种情况下，在对感性世界的直观中，他不可避免地碰到与他的意识和他的感觉相矛盾的东西，这些东西扰乱了他所假定的感性世界的一切部分的和谐，特别是人与自然界的和谐。为了排除这些东西，他不得不求助于某种二重性的直观，这种直观介于仅仅看到"眼前"的东西的普通直观和看出事物的"真正本质"的高级的哲学直观之间。他没有看到，他周围的感性世界决不是某种开天辟地以来就直接存在的、始终如一的东西，而是工业和社会状况的产物，是历史的产物，是世世代代活动的结果，其中每一代都立足于前一代所奠定的基础上，继续发展前一代的工业和交往，并随着需要的改变而改变他们的社会制度。甚至连最简单的"感性确定性"的对象也只是由于社会发展、由于工业和商业交往才提供给他的。大家知道，樱桃树和几乎所有的果树一样，只是在几个世纪以前由于商业才移植到我们这个地区。由此可见，樱桃树只是由于一定的社会在一定时期的这种活动才为费尔巴哈的"感性确定性"所感知。

此外,只要这样按照事物的真实面目及其产生情况来理解事物,任何深奥的哲学问题——后面将对这一点作更清楚的说明——都可以十分简单地归结为某种经验的事实。人对自然的关系这一重要问题(或者如布鲁诺在第110页上所说的"自然和历史的对立",好像这是两种互不相干的"事物",好像人们面前始终不会有历史的自然和自然的历史),就是一个例子,这是一个产生了关于"实体"和"自我意识"的一切"神秘莫测的崇高功业"的问题。然而,如果懂得在工业中向来就有那个很著名的"人和自然的统一",而且这种统一在每一个时代都随着工业或慢或快的发展而不断改变,就像人与自然的"斗争"促进其生产力在相应基础上的发展一样,那么上述问题也就自行消失了。工业和商业、生活必需品的生产和交换,一方面制约着分配、不同社会阶级的划分,同时它们在自己的运动形式上又受着后者的制约。这样一来,打个比方说,费尔巴哈在曼彻斯特只看见一些工厂和机器,而100年以前在那里只能看见脚踏纺车和织布机;或者,他在罗马的坎帕尼亚只发现一些牧场和沼泽,而在奥古斯都时代在那里只能发现罗马富豪的葡萄园和别墅。费尔巴哈特别谈到自然科学的直观,提到一些只有物理学家和化学家的眼睛才能识破的秘密,但是如果没有工业和商业,哪里会有自然科学呢?甚至这个"纯粹的"自然科学也只是由于商业和工业,由于人们的感性活动才达到自己的目的和获得自己的材料的。这种活动、这种连续不断的感性劳动和创造、这种生产,正是整个现存的感性世界的基础,它哪怕只中断一年,费尔巴哈就会看到,不仅在自然界将发生巨大的变化,而且整个人类世界以及他自己的直观能力,甚至他本身的存在也会很快就没有了。当然,在这种情况下,外部自然界的优先地位仍然会保持着,而整个这一点当然不适用于原始的、通过自然发生的途径产生的人们。但是,这种区别只有在人被看作是某种与自然界不同的东西时才有意义。此外,先于人类历史而存在的那个自然界,不是费尔巴哈生活其中的自然界;这是除去在澳洲新出现的一些珊瑚岛以外今天在任何地方都不再存在的、因而对于费尔巴哈来说也是不存在的自然界。

诚然,费尔巴哈比"纯粹的"唯物主义者有很大的优点:他承认人也是"感性对象"。但是,他把人只看作是"感性对象",而不是"感性活动",因为他在这里也仍然停留在理论的领域内,没有从人们现有的社会联系,从那些使人们成为现在这种样子的周围生活条件来观察人们——这一点且不说,他还从来没有看到现实存在着的、活动的人,而是停留于抽象的"人",并且仅仅限于在感情范围内承认"现实的、单个的、肉体的人",也就是说,除了爱与友情,而且是观念化了的爱与友情以外,他不知道"人与人之间"还有什么其他的"人的关系"。他没有批判现在的爱的关系。可见,他从来没有把感性世界理解为构成这一世界的个人的全部活生生的感性活动,因而比方说,当他看到的是大批患瘰疬病的、积劳成疾的和患肺痨的穷苦人而不是健康人的时候,他便不得不求助于"最高的直观"和观念上的"类的平等化",这就是说,正是在共产主义的唯物主义者看到改造工业和社会结构的必要性和条件的地方,他却重新陷入唯心主义。

当费尔巴哈是一个唯物主义者的时候,历史在他的视野之外;当他去探讨历史的时候,他不是一个唯物主义者。在他那里,唯物主义和历史是彼此完全脱离的。这一点从上面所说的看来已经非常明显了。

我们谈的是一些没有任何前提的德国人,因此我们首先应当确定一切人类生存的第一个前提,也就是一切历史的第一个前提,这个前提是:人们为了能够"创造历史",必须能够生活。但是为了生活,首先就需要吃喝住穿以及其他一些东西。因此第一个历史活动就是生产满足这些需要的资料,即生产物质生活本身,而且,这是人们从几千年前直到今天单是为了维持生活就必须每日每时从事的历史活动,是一切历史的基本条件。即使感性在圣布鲁诺那里被归结为像一根棍子那样微不足道的东西,它仍然必须以生产这根棍子的活动为前提。因此任何历史观的第一件事情就是必须注意上述基本事实的全部意义和全部范围,并给予应有的重视。大家知道,德国人从来没有这样做过,所以他们从来没有为历史提供世俗基础,因而也从未拥有过一个历史学家。法国人和英国人尽管对这一事实同所谓的历史之间的联系了解得非常片面——特别是因为他们受政治思想的束缚——，但毕竟作了一些为历史编纂学提供唯物主义基础的初步尝试，首次写出了市民社会史、商业史和工业史。

第二个事实是，已经得到满足的第一个需要本身、满足需要的活动和已经获得的为满足需要而用的工具又引起新的需要，而这种新的需要的产生是第一个历史活动。从这里立即可以明白，德国人的伟大历史智慧是谁的精神产物。德国人认为，凡是在他们缺乏实证材料的地方，凡是在神学、政治和文学的谬论不能立足的地方，就没有任何历史，那里只有"史前时期"；至于如何从这个荒谬的"史前历史"过渡到真正的历史，他们却没有对我们作任何解释。不过另一方面，他们的历史思辨所以特别热衷于这个"史前历史"，是因为他们认为在这里他们不会受到"粗暴事实"的干预，而且还可以让他们的思辨欲望得到充分的自由，创立和推翻成千上万的假说。

一开始就进入历史发展过程的第三种关系是：每日都在重新生产自己生命的人们开始生产另外一些人，即繁殖。这就是夫妻之间的关系，父母和子女之间的关系，也就是家庭。这种家庭起初是唯一的社会关系，后来，当需要的增长产生了新的社会关系而人口的增多又产生了新的需要的时候，这种家庭便成为从属的关系了（德国除外）。这时就应该根据现有的经验材料来考察和阐明家庭，而不应该像通常在德国所做的那样，根据"家庭的概念"来考察和阐明家庭。此外，不应该把社会活动的这三个方面看作是三个不同的阶段，而只应该看作是三个方面，或者，为了使德国人能够明白，把它们看做是三个"因素"。从历史的最初时期起，从第一批人出现时，这三个方面就同时存在着，而且现在也还在历史上起着作用。

这样，生命的生产，无论是通过劳动而生产自己的生命，还是通过生育而生产他人的生命，就立即表现为双重关系：一方面是自然关系，另一方面是社会关系；社会关系的含义在这里是指许多个人的共同活动，至于这种活动在什么条件下、用什么方式和为了什么目的而进行的。由此可见，一定的生产方式或一定的工业阶段始终是与一定的共同活动方式或一定的社会阶段联系着的,而这种共同活动方式本身就是"生产力";由此可见,人们所达到的生产力的总和决定着社会状况,因而,始终必须把"人类的历史"同工业和交换的历史联系起来研究和探讨。但是,这样的历史在德国是写不出来的,这也是很明显的,因为对于德国人来说,要做到这一点不仅缺乏理解能力和材料,而且还缺乏"感性确定性";而在莱茵河彼岸之所以不可能有关于这类事情的任何经验,是因为那里再没有什么历史。由此可见,人们之间一开始就有一种物质的联系。这种联系是由需要和生产方式决定的,它和人本身有同样长久的历史;这种联系不断采取新的形式,因而就表现为"历史",它不需要用任何政治的或宗教的呓语特意把人们维系在一起。

选自马克思:《德意志意识形态》,《马克思恩格斯文集》(第一卷),人民出版社,2009年,第527~533页。

3. 人类劳动实践与自然环境变化

生命是整个自然界的一个结果，这和下面这一情况一点也不矛盾：蛋白质，作为生命的唯一的独立的载体，是在自然界的全部联系所提供的条件下产生的，然而恰好是作为某种化学过程的产物而产生的。费尔巴哈围绕着思维和思维器官大脑的关系问题而沉溺在一连串毫无结果的和来回兜圈子的思辨之中，沉溺在施达克乐于步他后尘的这个领域中，这也应当归咎于这种孤寂的生活。

……

正如我们已经指出的，动物通过它们的活动同样也改变外部自然界，虽然在程度上不如人。我们也看到：动物对环境的这些改变又反过来作用于改变环境的动物，使它们发生变化。因为在自然界中任何事物都不是孤立发生的。每个事物都作用于别的事物，反之亦然，而且在大多数场合下，正是忘记这种多方面的运动和相互作用，才妨碍我们的自然科学家看清最简单的事物。我们已经看到：山羊怎样阻碍了希腊森林的恢复；在圣赫勒拿岛，第一批扬帆过海者带到岛上来的山羊和猪，把岛上原有的一切植物几乎全部消灭光，因而为后来的水手和移民所引进的植物的繁殖准备了土地。但是，如果说动物对周围环境发生持久的影响，那么，这是无意的，而且对于这些动物本身来说是某种偶然的事情。而人离开动物越远，他们对自然界的影响就越带有经过事先思考的、有计划的、以事先知道的一定目标为取向的行为的特征。动物在消灭某一地带的植物时，并不明白它们是在干什么。人消灭植物，是为了腾出土地播种五谷,或者种植树木和葡萄,他们知道这样可以得到多倍的收获。他们把有用植物和家畜从一个地区移到另一个地区,这样就把各大洲动植物的生活都改变了。不仅如此,植物和动物经过人工培养以后,在人的手下变得再也认不出它们本来的样子了。人们曾去寻找演化为谷类的野生植物,但至今仍是徒劳。我们的各种各样的狗,或者种类繁多的马,究竟是从哪一种野生动物演化而来,这始终是一个争论的问题。

此外,不言而喻,我们并不想否认,动物是有能力采取有计划的、经过事先考虑的行动方式的。恰恰相反。哪里有原生质和活的蛋白质生存着并发生反应,即由于外界的一定刺激而发生某种哪怕极简单的运动,那里就已经以萌芽的形式存在着这种有计划的行动方式。这种反应甚至在还没有细胞(更不用说神经细胞)的地方,就已经存在着。食虫植物捕捉猎获物的方法,虽然完全是无意识的,但从某一方面来看同样似乎是有计划的。在动物中,随着神经系统的发展,作出有意识有计划的行动的能力也相应地发展起来了,而在哺乳动物中则达到了相当高的阶段。在英国的猎狐活动中,每天都可以观察到:狐懂得怎样准确地运用关于地形的丰富知识来逃避追逐者,怎样出色地懂得并利用一切有利的地势来切断自己的踪迹。在我们身边的那些由于和人接触而获得较高发展的家畜中间,每天都可以观察到一些和小孩的行动同样机灵的调皮行动。因为,正如母体内的人的胚胎发展史,仅仅是我们的动物祖先以蠕虫为开端的几百万年的躯体发展史的一个缩影一样,孩童的精神发展则是我们的动物祖先、至少是比较晚些时候的动物祖先的智力发展的一个缩影,只不过更加压缩了。但是一切动物的一切有计划的行动,都不能在地球上打下自己的意志的印记。这一点只有人才能做到。

一句话,动物仅仅利用外部自然界,简单地通过自身的存在在自然界中引起变化,而人则通过他所作出的改变来使自然界为自己的目的服务,来支配自然界。这便是人同其他动物的最终的本质的差别,而造成这一差别的又是劳动。

选自恩格斯:《自然辩证法》,《马克思恩格斯文集》(第九卷),人民出版社,2009年,第459页、第558~559页。

4. 不要陶醉于征服自然的胜利

但是我们不要过分陶醉于我们人类对自然界的胜利。对于每一次这样的胜利，自然界都对我们进行报复。每一次胜利，起初确实取得了我们预期的结果，但是往后和再往后却发生完全不同的、出乎预料的影响，常常把最初的结果又消除了。美索不达米亚、希腊、小亚细亚以及其他各地的居民，为了得到耕地，毁灭了森林，但是他们做梦也想不到，这些地方今天竟因此而成为不毛之地，因为他们使这些地方失去了森林，也就失去了水分的积聚中心和贮藏库。阿尔卑斯山的意大利人，当他们在山南坡把那些在山北坡得到精心保护的枞树林砍光用尽时，没有预料到，这样一来，他们就把本地区的高山畜牧业的根基毁掉了；他们更没有预料到，他们这样做，竟使山泉在一年中的大部分时间内枯竭了，同时在雨季又使更加凶猛的洪水倾泻到平原上。在欧洲推广马铃薯的人，并不知道他们在推广这种含粉块茎的同时也使瘰疬症传播开来了。因此我们每走一步都要记住：我们决不像征服者统治异族人那样支配自然界，决不像站在自然界之外的人似的去支配自然界——相反，我们连同我们的肉、血和头脑都是属于自然界和存在于自然之中的；我们对自然界的整个支配作用，就在于我们比其他一切生物强，能够认识和正确运用自然规律。

事实上，我们一天天地学会更正确地理解自然规律，学会认识我们对自然界习常过程的干预所造成的较近或较远的后果。特别自本世纪自然科学大踏步前进以来，我们越来越有可能学会认识并从而控制那些至少是由我们的最常见的生产行为所造成的较远的自然后果。而这种事情发生得越多，人们就越是不仅再次地感觉到，而且也认识到自身和自然界的一体性，那种关于精神和物质、人类和自然、灵魂和肉体之间的对立的荒谬的、反自然的观点，也就越不可能成立了，这种观点自古典古代衰落以后出现在欧洲并在基督教中得得到最高度的发展。

但是，如果说我们需要经过几千年的劳动才多少学会估计我们的生产行为在自然方面的较远的影响，那么我们想学会预见这些行为在社会方面的较远的影响就更加困难得多了。我们曾提到过马铃薯以及随之而来的瘰疬症的蔓延。但是，同工人降低到以马铃薯为生这一事实对各国人民大众的生活状况所带来的影响比起来，同1847年爱尔兰因马铃薯遭受病害而发生的大饥荒比起来，瘰疬症又算得了什么呢？在这次饥荒中，有100万吃马铃薯或差不多专吃马铃薯的爱尔兰人进了坟墓，并有200万人逃亡海外。当阿拉伯人学会蒸馏酒精的时候，他们做梦也想不到，他们由此而制造出来的东西成了使当时还没有被发现的美洲的土著居民灭绝的主要工具之一。以后，当哥伦布发现美洲的时候，他也不知道，他因此复活了在欧洲早已被抛弃的奴隶制度，并奠定了贩卖黑奴的基础。17世纪和18世纪从事制造蒸汽机的人们也没有料到，他们所制作的工具，比其他任何东西都更能使全世界的社会状态发生革命，特别是在欧洲，由于财富集中在少数人一边，而另一边的绝大多数人则一无所有，起初使得资产阶级赢得社会的和政治的统治，尔后使资产阶级和无产阶级之间发生阶级斗争，而这一阶级斗争的结局只能是资产阶级的垮台和一切阶级对立的消灭。但是，就是在这一领域中，我们也经过长期的、往往是痛苦的经验，经过对历史材料的比较和研究，渐渐学会了认清我们的生产活动在社会方面的间接的、较远的影响，从而有可能去控制和调节这些影响。

但是要实行这种调节，仅仅有认识还是不够的。为此需要对我们的直到目前为止的生产方式，以及同这种生产方式一起对我们的现今的整个社会制度实行完全的变革。

到目前为止的一切生产方式,都仅仅以取得劳动的最近的、最直接的效益为目的。那些只是在晚些时候才显现出来的、通过逐渐的重复和积累才产生效应的较远的结果,则完全被忽视了。原始的土地公有制,一方面同眼界极短浅的人们的发展状态相适应,另一方面以可用土地的一定剩余为前提,这种剩余为应付这种原始经济的意外的灾祸提供了某种回旋余地。这种剩余的土地用光了,公有制也就衰落了。而一切较高的生产形式,都导致居民分为不同的阶级,因而导致统治阶级和被压迫阶级之间的对立;这样一来,生产只要不以被压迫者的最贫乏的生活需要为限,统治阶级的利益就会成为生产的推动因素。在西欧现今占统治地位的资本主义生产方式中,这一点表现得最为充分。支配着生产和交换的一个个资本家所能关心的,只是他们的行为的最直接的效益。不仅如此,甚至连这种效益——就所制造的或交换的产品的效用而言——也完全退居次要地位了;销售时可获得的利润成了唯一的动力。

选自恩格斯:《自然辩证法》,《马克思恩格斯文集》(第九卷),人民出版社,2009年,第559~562页。

5. 废物的利用

生产排泄物和消费排泄物的利用，随着资本主义生产方式的发展而扩大。我们所说的生产排泄物，是指工业和农业的废料；消费排泄物则部分地指人的自然的新陈代谢所产生的排泄物，部分地指消费品消费以后残留下来的东西。因此，化学工业在小规模生产时失掉的副产品，制造机器时废弃的但又作为原料进入铁的生产的铁屑等等，是生产排泄物。人的自然排泄物和破衣碎布等等，是消费排泄物。消费排泄物对农业来说最为重要。在利用这种排泄物方面，资本主义经济浪费很大；例如，在伦敦，450万人的粪便，就没有什么好的处理方法，只好花很多钱用来污染泰晤士河。

原料的日益昂贵，自然成为废物利用的刺激。

总的说来，这种再利用的条件是：这种排泄物必须是大量的，而这只有在大规模的劳动的条件下才有可能；机器的改良，使那些在原有形式上本来不能利用的物质，获得一种在新的生产中可以利用的形态；科学的进步，特别是化学的进步，发现了那些废物的有用性质。当然，在小规模园艺式的农业中，例如在伦巴第，在中国南部，在日本，也有过这种巨大的节约。不过总的说来，这种制度下的农业生产率，以人类劳动力的巨大浪费为代价，而这种劳动力也就不能用于其他生产部门。

所谓的废料，几乎在每一种产业中都起着重要的作用。例如，1863年10月的工厂报告中提到的英格兰和爱尔兰许多地方的租地农场主不愿种植亚麻和很少种植亚麻的一个主要理由是：

靠水力推动的小型梳麻工厂，在加工亚麻的时候留下……很多废料……在加工棉花时废料比较少，但在加工亚麻时废料却很多。用水渍法和机械梳理法精细处理，可以使这种损失人人减少……在爱尔兰，亚麻通常是用极粗糙的方法梳理，以致损失28%到30%。

这种损失，用较好的机器就可以避免。因为留下来的麻屑这样多，所以工厂视察员说：

有人告诉我，爱尔兰一些梳麻工厂的工人，常常把那里的废麻拿回家去当燃料，可是这些废麻是很有价值的。

关于废棉，我们在下面谈到原料价格变动的时候再讲。
毛纺织业比亚麻加工业精明。

收集废毛和破烂毛织物进行再加工，过去一句认为是不光彩的事情，但是，对已成为约克郡毛纺织工业区的一个重要部门的再生呢绒业来说，这种偏见已经完全消除。毫无疑问，废棉加工业很快也会作为一个符合公认的需要的生产部门，而占有同样的位置。30年前，破烂毛织物即纯毛织物的碎片等等，每吨平均约值4镑4先令；最近几年，每吨已值44镑。同时，需求量如此之大，连棉毛混纺织物也被利用起来，因为有人发明一种能破坏棉花但不损伤羊毛的方法；现在已经有数以千计的工人从事再生呢绒的制造，消费者因此得到了巨大利益，因为他们现在能用低廉的价格买到普通质量的优秀毛织物。（《工厂视察员报告。1863年10月》第107页）

这种再生羊毛，在1862年底，已占英国工业全部羊毛消费量的$\frac{1}{3}$。(《工厂视察员报告。1862年10月》第81页)"消费者"的"巨大利益"，不过是他的毛料衣服只穿到以前的1/3时间就会磨破，穿到以前$\frac{1}{6}$的时间就会磨薄。

英国的丝织业所走的也是这样一条下坡路。从1839年到1862年，真正生丝的消费略为减少，而废丝的消费却增加了一倍。人们使用经过改良的机器，能够把这种本来几乎毫无价值的材料，制成有多种用途的丝织品。

化学工业提供了废物利用的最显著的例子。它不仅找到新的方法来利用本工业的废料，而且还利用其他各种各样工业的废料，例如，把以前几乎毫无用处的煤焦油转化为苯胺染料，茜红染料(茜素)，近来甚至把它转化为药品。

应该把这种通过生产排泄物的再利用而造成的节约和由于废料的减少而造成的节约区别开来，后一种节约是把生产排泄物减少到最低限度和把一切进入生产中去的原料和辅助材料的直接利用提到最高限度。

废料的减少，部分地要取决于所使用的机器的质量。机器零件加工得越精确，抛光越好，机油、肥皂等物就越节省。这是就辅助材料而言的。但是部分地说，——而这一点是最重要的，——在生产过程中究竟有多大一部分原料变为废料，这取决于所使用的机器和工具的质量。最后，这还取决于原料本身的质量。而原料的质量又部分地取决于生产原料的采掘工业和农业的发展(即本来意义上的文化的进步)，部分地取决于原料在进入制造厂以前所经历的过程的发达程度。

"帕芒蒂耶曾经证明，从一个不是很远的时期以来，例如从路易十四时代以来，法国的磨谷技术大大改善了，同旧磨相比，新磨几乎能够从同量谷物中多提供一半的面包。实际上，巴黎每个居民每年消费的谷物，原来是4瑟提埃，后来是3瑟提埃，最后是2瑟提埃，而现在只是每人$1\frac{1}{3}$

瑟提埃,约合342磅……在我住过很久的佩尔什,用花岗石和暗色岩石粗制的磨,已经按照30年来获得显著进步的力学的原理实行改造。现在,人们用拉费泰的优质磨石来制磨,把谷物磨两次,使粉筛成环状运动,于是同量谷物的面粉产量便增加了$\frac{1}{6}$。因此,我不难明白,为什么罗马人每天消费的谷物和我们每天消费的谷物相差如此之多。全部原因只是在于磨粉方法和面包制造方法的不完善。我看,普林尼在他的著作第十八卷第二十章第二节所叙述的一个值得注意的事实,也必须根据这一点来说明……在罗马,一莫提面粉,按质量不同,分别值40、48或96阿司。面粉价格和当时的谷物价格相比这样高,其原因是当时的磨还处在幼稚阶段,很不完善,因此磨粉费用相当大。"(杜罗·德拉马尔《罗马人的政治经济学》1840年巴黎版第1卷第280、281页)

选自马克思:《资本论》(第三卷),人民出版社,2004年,第115~118页。

6. 劳动作为人与自然物质变换的中介

劳动首先是人和自然之间的过程,是人以自身的活动来中介、调整和控制人和自然之间的物质变换的过程。人自身作为一种自然力与自然物质相对立。为了在对自身生活有用的形式上占有自然物质,人就使他身上的自然力——臂和腿、头和手运动起来。当他通过这种运动作用于他身外的自然并改变自然时,也就同时改变他自身的自然,他使自身的自然中蕴藏着的潜力发挥出来,并且使这种力的活动受他自己控制。在这里,我们不谈最初的动物式的本能的劳动形式。现在,工人是作为他自己的劳动力的卖者出现在商品市场上。对于这种状态来说,人类劳动尚未摆脱最初的本能形式的状态已经是太古时代的事了。我们要考察的是专属于人的那种形式的劳动。蜘蛛的活动与织工的活动相似,蜜蜂建筑蜂房的本领使人间的许多建筑师感到惭愧。但是,最蹩脚的建筑师从一开始就比最灵巧的蜜蜂高明的地方,是他在用蜂蜡建筑蜂房以前,已经在自己的头脑中把它建成了。劳动过程结束时得到的结果,在这个过程开始时就已经在劳动者的表象中存在着,即已经观念地存在着。他不仅使自然物发生形式变化,同时他还在自然物中实现自己的目的,这个目的是他所知道的,是作为规律决定着他的活动的方式和方法的,他必须使他的意志服从这个目的。但是这种服从不是孤立的行为。除了从事劳动的那些器官紧张之外,在整个劳动时间内还需要有作为注意力表现出来的有目的的意志,而且,劳动的内容及其方式和方法越是不能吸引劳动者,劳动者越是不能把劳动当作他自己体力和智力的活动来享受,就越需要这种意志。

劳动过程的简单要素是：有目的的活动或劳动本身，劳动对象和劳动资料。

土地（在经济学上也包括水）最初以食物，现成的生活资料供给人类，它未经人的协助，就作为人类劳动的一般对象而存在。所有那些通过劳动只是同土地脱离直接联系的东西，都是天然存在的劳动对象。例如从鱼的生活要素即水中分离出来的即捕获的鱼，在原始森林中砍伐的树木，从地下矿藏中开采的矿石。相反，已经被以前的劳动可以说滤过的劳动对象，我们称为原料。例如，已经开采出来正在洗的矿石。一切原料都是劳动对象，但并非任何劳动对象都是原料。劳动对象只有在它已经通过劳动而发生变化的情况下，才是原料。

劳动资料是劳动者置于自己和劳动对象之间、用来把自己的活动传导到劳动对象上去的物或物的综合体。劳动者利用物的机械的、物理的和化学的属性，以便把这些物当作发挥力量的手段，依照自己的目的作用于其他的物。劳动者直接掌握的东西，不是劳动对象，而是劳动资料（这里不谈采集果实之类的现成的生活资料，在这种场合，劳动者身上的器官是惟一的劳动资料）。这样，自然物本身就成为他的活动的器官，他把这种器官加到他身体的器官上，不顾圣经的训诫，延长了他的自然的肢体。土地是他的原始的食物仓，也是他的原始的劳动资料库。例如，他用来投、磨、压、切等等的石块就是土地供给的。土地本身是劳动资料，但是它在农业上要起劳动资料的作用，还要以一系列其他的劳动资料和劳动力的较高的发展为前提。一般说来，劳动过程只要稍有一点发展，就已经需要经过加工的劳动资料。在太古人的洞穴中，我们发现了石制工具和石制武器。在人类历史的初期，除了经过加工的石块、木头、骨头和贝壳外，被驯服的，也就是被劳动改变的、被饲养的动物，也曾作为劳动资料起着主要的作用。劳动资料的使用和创造，虽然就其萌芽状态来说已为某几种动物所固有，但是这毕竟是人类劳动过程独有的特征，所以富兰克林给人下的定义是"a toolmaking animal"，制造工具的动物。动物遗骸的结构对于认识已经绝种的动物的机体有重要的意义,劳动资料的遗骸对于判断已经消亡的经济的社会形态也有同样重要的意义。各种经济时代的区别,不在于生产什么,而在于怎样生产,用什么劳动资料生产。劳动资料不仅是人类劳动力发展的测量器,而且是劳动借以进行的社会关系的指示器。在劳动资料本身中,机械性的劳动资料(其总和可称为生产的骨骼系统和肌肉系统)远比只是充当劳动对象的容器的劳动资料(如管、桶、篮、罐等,其总和一般可称为生产的脉管系统)更能显示一个社会生产时代的具有决定意义的特征。后者只是在化学工业中才起着重要的作用。

广义地说,除了那些把劳动的作用传达到劳动对象、因而以这种或那种方式充当活动的传导体的物以外,劳动过程的进行所需要的一切物质条件也都算作劳动过程的资料。它们不直接加入劳动过程,但是没有它们,劳动过程就不能进行,或者只能不完全地进行。土地本身又是这类一般的劳动资料,因为它给劳动者提供立足之地,给他的劳动过程提供活动场所。这类劳动资料中有的已经经过劳动的改造,例如厂房、运河、道路等等。

可见,在劳动过程中,人的活动借助劳动资料使劳动对象发生预定的变化。过程消失在产品中。它的产品是使用价值,是经过形式变化而适合人的需要的自然物质。劳动与劳动对象结合在一起。劳动对象化了,而对象被加工了。在劳动者方面曾以动的形式表现出来的东西,现在在产品方面作为静的属性,以存在的形式表现出来。劳动者纺纱,产品就是纺成品。

如果整个过程从其结果的角度,从产品的角度加以考察,那么劳动资料和劳动对象表现为生产资料,劳动本身则表现为生产劳动。

当一个使用价值作为产品退出劳动过程的时候,另一些使用价值,以前的劳动过程的产品,则作为生产资料进入劳动过程。同一个使用价值,既是这种劳动的产品,又是那种劳动的生产资料。所以,产品不仅是劳动过程的结果,同时还是劳动过程的条件。

在采掘工业中,劳动对象是天然存在的,例如采矿业、狩猎业、捕鱼业等等中的情况就是这样(在农业中,只是在最初开垦处女地时才是这样);除采掘工业以外，一切产业部门所处理的对象都是原料，即已被劳动滤过的劳动对象，本身已经是劳动产品。例如，农业中的种子就是这样。动物和植物通常被看作自然的产物，实际上它不仅可能是上年度劳动的产品，而且它们现在的形式也是经过许多世代、在人的控制下、通过人的劳动不断发生变化的产物。尤其是说到劳动资料，那么就是最肤浅的眼光也会发现，它们的绝大多数都有过去劳动的痕迹。

原料可以构成产品的主要实体，也可以只是作为辅助材料参加产品的形成。辅助材料或者被劳动资料消费，例如煤被蒸汽机消费，机油被轮子消费，干草被挽马消费；或者加在原料上，使原料发生物质变化，例如氯加在未经漂白的麻布上，煤加在铁上，染料加在羊毛上；或者帮助劳动本身的进行，例如用于劳动场所的照明和取暖的材料。在真正的化学工业中，主要材料和辅助材料之间的区别就消失了，因为在所用的原料中没有一种会作为产品的实体重新出现。

选自马克思：《资本论》（第一卷），人民出版社，2004年，第207~212页。

7. 资本主义生产破坏物质变换

大工业在农业以及农业生产当事人的社会关系上引起的革命，要留到以后才能说明。在这里，我们先简短地提一下某些结果就够了。如果说机器在农业中的使用大多避免了机器使工厂工人遭到的那种身体上的损害，那么机器在农业中的使用在造成工人"过剩"方面却发生了更为强烈的作用，而且没有遇到什么抵抗，这一点我们在以后将会详细谈到。例如，在剑桥郡和萨福克郡，最近20年来耕地面积大大扩大了，而在这一时期农村人口不但相对地减少了，而且绝对地减少了。在北美合众国，农业机器目前只是潜在地代替了工人，也就是说，它使生产者有可能耕种更大的面积，但是并没有在实际上驱逐在业工人。1861年，英格兰和威尔士参加农业机器制造的人数总计有1034人，而在蒸汽机和工作机上干活的农业工人总共只有1205人。

在农业领域内，就消灭旧社会的堡垒——"农民"，并代之以雇佣工人来说，大工业起了最革命的作用。这样，农村中社会变革的需要和社会对立，就和城市相同了。最墨守成规和最不合理的经营，被科学在工艺上的自觉应用代替了。农业和工场手工业的原始的家庭纽带，也就是把二者的幼年未发展的形态联结在一起的那种纽带，被资本主义生产方式撕断了。但资本主义生产方式同时为一种新的更高级的综合，即农业和工业在它们对立发展的形态的基础上的联合，创造了物质前提。资本主义生产使它汇集在各大中心的城市人口越来越占优势，这样一来，它一方面聚集着社会的历史动力，另一方面又破坏着人和土地之间的物质变换，也就是使人以衣食形式消费掉的土地的组成部分不能回归土地,从而破坏土地持久肥力的永恒的自然条件。这样,它同时就破坏城市工人的身体健康和农村工人的精神生活。但是资本主义生产通过破坏这种物质变换的纯粹自发形成的状况,同时强制地把这种物质变换作为调节社会生产的规律,并在一种同人的充分发展相适合的形式上系统地建立起来。在农业中,像在工场手工业中一样,生产过程的资本主义转化同时表现为生产者的殉难史,劳动资料同时表现为奴役工人的手段、剥削工人的手段和使工人贫困的手段,劳动过程的社会结合同时表现为对工人个人的活力、自由和独立的有组织的压制。农业工人在广大土地上的分散,同时破坏了他们的反抗力量,而城市工人的集中却增强了他们的反抗力量。在现代农业中,也和在城市工业中一样,劳动生产力的提高和劳动量的增大是以劳动力本身的破坏和衰退为代价的。此外,资本主义农业的任何进步,都不仅是掠夺劳动者的技巧的进步,而且是掠夺土地的技巧的进步,在一定时期内提高土地肥力的任何进步,同时也是破坏土地肥力持久源泉的进步。一个国家,例如北美合众国,越是以大工业作为自己发展的基础,这个破坏过程就越迅速。因此,资本主义生产发展了社会生产过程的技术和结合,只是由于它同时破坏了一切财富的源泉——土地和工人。

选自马克思:《资本论》(第一卷),人民出版社,2004年,第578~580页。

8. 劳动生产率的自然条件

　　就劳动过程是纯粹个人的劳动过程来说，同一劳动者是把后来彼此分离开来的一切职能结合在一起的。当他为了自己的生活目的对自然物实行个人占有时，他是自己支配自己的。后来他成为被支配者。单个人如果不在自己的头脑的支配下使自己的肌肉活动起来，就不能对自然发生作用。正如在自然机体中头和手组成一体一样，劳动过程把脑力劳动和体力劳动结合在一起了。后来它们分离开来，直到处于敌对的对立状态。产品从个体生产者的直接产品转化为社会产品，转化为总体工人即结合劳动人员的共同产品。总体工人的各个成员较直接地或者较间接地作用于劳动对象。因此，随着劳动过程本身的协作性质本身的发展，生产劳动和它的承担者即生产工人的概念也就必然扩大。为了从事生产劳动，现在不一定要亲自动手；只要成为总体工人的一个器官，完成他所属的某一种职能就够了。上面从物质生产性质本身中得出的关于生产劳动的最初的定义，对于作为整体来看的总体工人始终是正确的。但是，对于总体工人中的每一单个成员来说，它就不再适用了。

　　但是，另一方面，生产劳动的概念缩小了。资本主义生产不仅是商品的生产，它实质上是剩余价值的生产。工人不是为自己生产，而是为资本生产。因此，工人单是进行生产已经不够了。他必须生产剩余价值。只有为资本家生产剩余价值或者为资本的自行增殖服务的工人，才是生产工人。如果可以在物质生产领域以外举一个例子，那么，一个教员只有当他不仅训练孩子的头脑，而且还为校董的发财致富劳碌时，他才是生产工人。校董不把他的资本投入香肠工厂，而投入教育工厂，这并不使事情有任何改变。因此，生产工人的概念决不只包含活动和效果之间的关系，工人和劳动产品之间的关系，而且还包含一种特殊社会的、历史地产生的生产关系。这种生产关系把工人变成资本增殖的直接手段。所以，成为生产工人不是一种幸福，而是一种不幸。在阐述理论史的本书第四册将更详细地谈到，古典政治经济学一直把剩余价值的生产看作生产工人的决定性的特征。因此古典政治经济学对生产工人所下的定义，随着它对剩余价值性质的看法的改变而改变。例如，重农学派认为，只有农业劳动才是生产劳动，因为只有农业劳动才提供剩余价值。在重农学派看来，剩余价值只存在于地租形式中。

把工作日延长，使之超出工人只生产自己劳动力价值的等价物的那个点，并由资本占有这部分剩余劳动，这就是绝对剩余价值的生产。绝对剩余价值的生产构成资本主义制度的一般基础，并且是相对剩余价值生产的起点。就相对剩余价值的生产来说，工作日一开始就分成必要劳动和剩余劳动这两个部分。为了延长剩余劳动，就要通过以较少的时间生产出工资的等价物的各种方法来缩短必要劳动。绝对剩余价值的生产只同工作日的长度有关；相对剩余价值的生产使劳动的技术过程和社会组织发生彻底的革命。

因此，相对剩余价值的生产以特殊的资本主义的生产方式为前提；这种生产方式连同它的方法、手段和条件本身，最初是在劳动在形式上隶属于资本的基础上自发地产生和发展的。劳动对资本的这种形式上的隶属，又让位于劳动对资本的实际上的从属。

至于各种中间形式，在这里只要提一下就够了。在这些中间形式中，剩余劳动不是用直接强制的办法从生产者那里榨取的，生产者也没有在形式上从属于资本。资本在这里还没有直接支配劳动过程。在那些用古老传统的生产方式从事手工业或农业的独立生产者的身旁，有高利贷者或商人，有高利贷资本或商业资本，他们像寄生虫似地吮吸着这些独立生产者。这种剥削形式在一个社会内占统治地位，就排斥资本主义的生产方式，不过另一方面,这种剥削形式又可以成为通向资本主义生产方式的过渡,例如中世纪末期的情况就是这样。最后,正如现代家庭劳动的例子所表明的,某些中间形式还会在大工业的基础上在某些地方再现出来,虽然它的样子完全改变了。

对于绝对剩余价值的生产来说,只要劳动在形式上从属于资本就够了,例如,只要从前为自己劳动或者作为行会师傅的帮工的手工业者变成受资本家直接支配的雇佣工人就够了;另一方面却可以看到,生产相对剩余价值的方法同时也是生产绝对剩余价值的方法。无限度地延长工作日正是表现为大工业的特有的产物。特殊的资本主义的生产方式一旦掌握整整一个生产部门,它就不再是单纯生产相对剩余价值的手段,而一旦掌握所有决定性的生产部门,那就更是如此。这时它成了生产过程的普遍的、在社会上占统治地位的形式。现在它作为生产相对剩余价值的特殊方法,只在下面两种情况下起作用:第一,以前只在形式上从属于资本的那些产业部门为它所占领,也就是说,它扩大作用范围;第二,已经受它支配的产业由于生产方法的改变不断发生革命。

从一定观点看来,绝对剩余价值和相对剩余价值之间的区别似乎完全是幻想的。相对剩余价值是绝对的,因为它以工作日超过工人本身生存所必要的劳动时间的绝对延长为前提。绝对剩余价值是相对的,因为它以劳动生产率发展到能够把必要劳动时间限制为工作日的一个部分为前提。但是,如果注意一下剩余价值的运动,这种表面上的同一性就消失了。在资本主义生产方式一旦确立并成为普遍的生产方式的情况下,只要涉及剩余价值率的提高,绝对剩余价值和相对剩余价值之间的差别就可以感觉到了。假定劳动力按其价值支付,那么,我们就会碰到这样的抉择:如果劳动生产力和劳动的正常强度已定,剩余价值率就只有通过工作日的绝对延长才能提高;另一方面,如果工作日的界限已定,剩余价值率就只有通过工作日两个组成部分即必要劳动和剩余劳动的相对量的变化才能提高,而这种变化在工资不降低到劳动力价值以下的情况下,又以劳动生产率或劳动强度的变化为前提。

如果工人需要用他的全部时间来生产维持他自己和他的家庭所必需的

生活资料,那么他就没有时间来无偿地为第三者劳动。没有一定程度的劳动生产率,工人就没有这种可供支配的时间,而没有这种剩余时间,就不可能有剩余劳动,从而不可能有资本家,而且也不可能有奴隶主,不可能有封建贵族,一句话,不可能有大占有者阶级。

因此,可以说剩余价值有一个自然基础,但这只是从最一般的意义来说,即没有绝对的自然障碍会妨碍一个人把维持自身生存所必要的劳动从自身上解脱下来并转嫁给别人,比如,同样没有绝对的自然障碍会妨碍一个人去把别人的肉当作食物。决不应该像有时发生的情况那样,把各种神秘的观念同这种自然发生的劳动生产率联系起来。只有当人类通过劳动摆脱了最初的动物状态,从而他们的劳动本身已经在一定程度上社会化的时候,一个人的剩余劳动成为另一个人的生存条件的关系才会出现。在文化初期,已经取得的劳动生产力很低,但是需要也很低,需要是同满足需要的手段一同发展的,并且是依靠这些手段发展的。其次,在这个文化初期,社会上依靠别人劳动来生活的那部分人的数量,同直接生产者的数量相比,是微不足道的。随着社会劳动生产力的增进,这部分人也就绝对地和相对地增大起来。此外,资本关系就是在作为一个长期发展过程的产物的经济土壤之上产生的。作为资本关系的基础和起点的现有的劳动生产率,不是自然的恩惠,而是几十万年历史的恩惠。

撇开社会生产的形态的发展程度不说,劳动生产率是同自然条件相联系的。这些自然条件都可以归结为人本身的自然(如人种等等)和人的周围的自然。外界自然条件在经济上可以分为两大类:生活资料的自然富源,例如土壤的肥力,鱼产丰富的水域等等;劳动资料的自然富源,如奔腾的瀑布、可以航行的河流、森林、金属、煤炭等等。在文化初期,第一类自然富源具有决定性的意义;在较高的发展阶段,第二类自然富源具有决定性的意义。例如,可以用英国同印度比较,或者在古代世界,用雅典、科林斯同黑海沿岸的各国比较。

绝对必需满足的自然需要的数量越少,土壤自然肥力越大,气候越好,维持和再生产生产者所必要的劳动时间就越少。因而,生产者在为自己从事的劳动之外来为别人提供的剩余劳动就可以越多。狄奥多鲁斯谈到古代埃及人时就这样说过:

> 他们抚养子女所花的力气和费用少得简直令人难以相信。他们给孩子随便煮一点最简单的食物;甚至纸草的下端,只要能用火烤一烤,也拿来给孩子们吃。此外也给孩子们吃沼泽植物的根和茎,有的生吃,有的煮一煮或烧一烧再吃。因为气候非常温暖,大多数孩子不穿鞋和衣服。因此父母养大一个子女的费用总共不超过20德拉马。埃及有那么多的人口并有可能兴建那么多宏伟的建筑,主要可由此得到说明。

但是古代埃及能兴建这些宏伟建筑,与其说是由于埃及人口众多,还不如说是由于有很大一部分人口可供支配。单个工人的必要劳动时间越少,他能提供的剩余劳动就越多;同样,工人人口中为生产必要生活资料的部分越小,可以用于其他事情的部分就越大。

资本主义生产一旦成为前提,在其他条件不变和工作日保持一定长度的情况下,剩余劳动量随劳动的自然条件,特别是随土壤的肥力而变化。但决不能反过来说,最肥沃的土壤最适于资本主义生产方式的生长。资本主义生产方式以人对自然的支配为前提。过于富饶的自然"使人离不开自然的手,就像小孩子离不开引带一样"。它不能使人自身的发展成为一种自然必然性。资本的祖国不是草木繁茂的热带,而是温带。不是土壤的绝对肥力,而是它的差异性和它的自然产品的多样性,形成社会分工的自然基础,并且通过人所处的自然环境的变化,促使他们自己的需要、能力、劳动资料和劳动方式趋于多样化。社会地控制自然力,从而节约地利用自然力,用人力兴建大规模的工程占有或驯服自然力,——这种必要性在产业史上起着最有决定性的作用。如埃及、伦巴第、荷兰等地的治水工程就是例子。或者如印度、波斯等地,在那里人们利用人工渠道进行灌溉,不仅使土地获得必不可少的水,而且使矿物质肥料同淤泥一起从山上流下来。兴修水利是阿拉伯人统治下的西班牙和西西里岛产业繁荣的秘密。

选自马克思:《资本论》(第一卷),人民出版社,2004年,第581~588页。

9. 大土地所有制与地力的浪费

　　在这里,对小农业来说,土地价格,即土地私有权的形式和结果,表现为对生产本身的限制。对大农业和以资本主义生产方式为基础的大地产来说,这种所有权也是一种限制,因为它会限制租地农场主所进行的、最终不是对他自己有利而是对土地所有者有利的生产投资。在这两个形式上,对地力的榨取和滥用(撇开这种榨取不是取决于社会发展已经达到的程度,而是取决于生产者个人的偶然的不同的境况这一点不说) 代替了对土地这个人类世世代代共同的永久的财产, 即他们不能出让的生存条件和再生产条件所进行的自觉的合理的经营。在小所有制的场合,发生这种情况是由于缺乏应用社会劳动生产力的手段和科学。在大所有制的场合,却是由于这些手段被用来尽快地增加租地农场主和土地所有者的财富。在这两个场合,都是由于对市场价格的依赖。

　　一切对小土地所有制的批判, 最后都归结为把私有权当作农业的限制和障碍来批判。一切对大土地所有制的相反的批判也是这样。当然,在这两个场合,都把次要的政治考虑撇开不说。一切土地私有权对农业生产和对土地本身的合理经营、维护和改良所设置的这种限制和障碍,在这两个场合,只是展开的形式不同罢了,而人们在争论有关弊病的这些特殊形式时,却忘记了弊病的终极原因。

　　小土地所有制的前提是:人口的最大多数生活在农村,占统治地位的,不是社会劳动,而是孤立劳动;在这种情况下,财富和再生产的发展,无论是再生产的物质条件还是精神条件的发展,都是不可能的,因而,也不可能具有合理耕作的条件。在另一方面,大土地所有制使农业人口减少到不断下降的最低限量,而同他们相对立,又造成一个不断增长的拥挤在大城市中的工业人口。由此产生了各种条件,这些条件在社会的以及由生活的自然规律所决定的物质变换的联系中造成一个无法弥补的裂缝,于是就造成了地力的浪费,并且这种浪费通过商业而远及国外。

如果说小土地所有制创造出了一个半处于社会之外的未开化的阶级,它兼有原始社会形式的一切粗野性和文明国家的一切贫困痛苦,那么,大土地所有制则在劳动力的天然能力借以逃身的最后领域,在劳动力作为更新民族生活力的后备力量借以积蓄的最后领域,即在农村本身中,破坏了劳动力。大工业和按工业方式经营的大农业共同发生作用。如果说它们原来的区别在于,前者更多地滥用和破坏劳动力,即人类的自然力,而后者更直接地滥用和破坏土地的自然力,那么,在以后的发展进程中,二者会携手并进,因为产业制度在农村也使劳动者精力衰竭,而工业和商业则为农业提供使土地贫瘠的各种手段。

选自马克思:《资本论》(第三卷),人民出版社,2004年,第918~919页。

10. 必然王国与自由王国

我们已经看到，资本主义生产过程是社会生产过程一般的一个历史地规定的形式。而社会生产过程既是人类生活的物质生存条件的生产过程，又是一个在特殊的、历史的和经济的生产关系中进行的过程，是生产和再生产着这些生产关系本身，因而生产和再生产着这个过程的承担者、他们的物质生存条件和他们的互相关系即他们的一定的社会经济形式的过程。因为，这种生产的承担者同自然的关系以及他们互相之间的关系，他们借以进行生产的各种关系的总体，就是从社会经济结构方面来看的社会。资本主义生产过程像它以前的所有生产过程一样，也是在一定的物质条件下进行的，但是，这些物质条件同时也是各个个人在他们的生活的再生产过程中所处的一定的社会关系的承担者。这些物质条件，和这些社会关系一样，一方面是资本主义生产过程的前提，另一方面又是资本主义生产过程的结果和创造物；它们是由资本主义生产过程生产和再生产的。我们还看到，资本——而资本家只是人格化的资本，他在生产过程中只是作为资本的承担者执行职能——会在与它相适应的社会生产过程中，从直接生产者即工人身上榨取一定量的剩余劳动，这种剩余劳动是资本未付等价物而得到的，并且按它的本质来说，总是强制劳动，尽管它看起来非常像是自由协商议定的结果。这种剩余劳动体现为剩余价值，而这个剩余价值存在于剩余产品中。剩余劳动一般作为超过一定的需要量的劳动，应当始终存在。只不过它在资本主义制度下，像在奴隶制度等等下一样，具有对抗的形式，并且是以社会上的一部分人完全游手好闲作为补充。为了对偶然事故提供保险，为了保证再生产过程的必要的、同需要的发展和人口的增长相适应的累进的扩大（从资本主义观点来说叫做积累），一定量的剩余劳动是必要的。资本的文明面之一是，它榨取剩余劳动的方式和条件，同以前的奴隶制、农奴制等形式相比，都更有利于生产力的发展，有利于社会关系的发展，有利于更高级的新形态的各种要素的创造。因此，资本一方面会导致这样一个阶段，在这个阶段上，社会上的一部分人靠牺牲另一部分人来强制和垄断社会发展（包括这种发展的物质方面和精神方面的利益）的现象将会消灭；另一方面，这个阶段又会为这样一些关系创造出物质手段和萌芽，这些关系在一个更高级的社会形式中，使这种剩余劳动能够同物质劳动一般所占用的时间的更大的节制结合在一起。因为，依照劳动生产力发展的不同情况，剩余劳动可以在一个小的总工作日中成为大的，也可以在一个大的总工作日中成为相对小的。如果必要劳动时间=3，剩余劳动=3，总工作日就=6，剩余劳动率就=100%。如果必要劳动=9，剩余劳动=3，总工作日就=12，剩余劳动率就只=$33\frac{1}{3}$%。不过，在一定时间内，从而在一定的剩余劳动时间内，究竟能生产多少使用价值，取决于劳动生产率。也就是说，社会的现实财富和社会再生产过程不断扩大的可能性，并不是取决于剩余劳动时间的长短，而是取决于剩余劳动的生产率和进行这种剩余劳动的生产条件的优劣程度。事实上，自由王国只是在必要性和外在目的规定要做的劳动终止的地方才开始；因而按照事物的本性来说，它存在于真正物质生产领域的彼岸。像野蛮人为了满足自己的需要，为了维持和再生产自己的生命，必须与自然搏斗一样，文明人也必须这样做；而且在一切社会形态中，在一切可能的生产方式中，他都必须这样做。这个自然必然性的王国会随着人的发展而扩大，因为需要会扩大；但是，满足这种需要的生产力同时也会扩大。这个领域内的自由只能是：社会化的人，联合起来的生产者，将合理地调节他们和自然之间的物质变换，把它置于他们的共同控制之下，而不让它作为一种盲目的力量来统治自己；靠消耗最小的力量，在最无愧于和最适合于他们的人类本性的条件下来进行这种物质变换。但是,这个领域始终是一个必然王国。在这个必然王国的彼岸,作为目的本身的人类能力的发挥,真正的自由王国,就开始了。但是,这个自由王国只有建立在必然王国的基础上,才能繁荣起来。工作日的缩短是根本条件。

选自马克思:《资本论》(第三卷),人民出版社,2004年,第926~929页。

链接1：使我们祖国的河山绿化起来

新中国建立伊始，摆在人们面前的是一个百废待兴、残破落后的农业国，以毛泽东为核心的中央领导决心尽快实现中国的工业现代化，并从平衡现代工农业生产与自然环境关系方面提出了宏观方针和具体政策。

早些时候，毛泽东就提出，在消灭封建残余的斗争中，"必须注意尽一切努力最大限度地保存一切可用的生产资料和生活资料，采取办法坚决地反对任何人对于生产资料和生活资料的破坏和浪费，反对大吃大喝，注意节约"①。农业生产在战争中遭受的破坏最为严重，为了尽快发展农业生产，他号召："农民在自愿原则下逐步地组织为现时经济条件所许可的以私有制为基础的各种生产的和消费的合作团体。"②也就是说，先要对自然经济的恢复进行休养生息，而农业生产的产出和能量输出会给未来工业计划的大规模开展奠定一个坚实的自然基础。毛泽东还认为人民群众需要身体和精神的健康发展，就必然要求环境发展与经济发展的协同性。"要使我们祖国的河山全部绿化起来，要达到园林化，到处都很美丽，自然面貌要改变过来。种树要种好……到处像公园，做到这样，就达到共产主义的要求。"③不仅城市要环境优美，而且毛泽东也要求城乡协同，农村也要实现园林化。"听说资本主义德国的道路、房屋旁边都是森林，是林荫道，搞得很好。资本主义国家能

---

①②　毛泽东：《在晋绥干部会议上的讲话》，《毛泽东选集》（第四卷），人民出版社，1991年，第1316页。

③　毛泽东：《毛泽东论林业》，中央文献出版社，2003年，第51页。

搞，为什么我们不能搞？我们现在这个国家刚刚开始建设，我看要用新的观点好好经营一下，有规划，搞得很美，是园林化。……我去河北、山东、河南看了一些地方，就没有绿化。没有树，怎么叫绿化？绿化总要有树，它就没有，就是宅边稀稀拉拉有那么几棵，这叫绿化吗？不算。真正绿化，我看就是在亩产几千斤、一万斤的那个时候，腾出三分之一的土地，有规划地大种其树。大种其树，就可以大养牲口。农林牧是互相关系、互相影响的。农林牧，一个动物，一个植物，是人类少不了的。可以至少搞三分之一的土地来种森林，栽树，搞畜牧，真正绿化在那个时候。"①可见毛泽东已经注意到经济建设中需要积累综合治理的经验。

---

① 毛泽东：《毛泽东论林业》，中央文献出版社，2003年，第53页。

链接2：科学认识和自觉遵循自然规律

"文革"以后国民经济恢复阶段，邓小平综合国际和国内两方面实际情况，提出我国四个现代化的底子薄，再加上农业人口多，耕地少等不利条件，要解决人多地少，既满足温饱，又能兼顾经济、科技、教育等各方面全面发展，追赶世界经济发展步伐，就必须提高经济效率，以一种生态系统思维来考虑经济发展与人口和资源生态问题。"现在全国人口有九亿多，其中百分之八十是农民。人多有好的一面，也有不利的一面。在生产还不够发展的条件下，吃饭、教育和就业就都成为严重的问题。我们要大力加强计划生育工作，但是即使若干年后人口不再增加，人口多的问题在一段时间内也仍然存在。我们地大物博，这是我们的优越条件。但有很多资源还没有勘探清楚，没有开采和使用，所以还不是现实的生产资料。土地面积广大，但是耕地很少。耕地少，人口多特别是农民多，这种情况不是很容易改变的。这就成为中国现代化建设必须考虑的特点。"①

针对农村和农业工作中出现的为了经济效益而不顾生态环境的问题，强行种植一些并不适合当地种植的经济作物情况，邓小平认为："所谓因地制宜，就是说那里适宜发展什么就发展什么，不适宜发展的就不要去硬搞。像西北的不少地方，应该下决心以种牧草为主，发展畜牧业。现在有些干部，对于怎样适合本地情况，多搞一些经济收益大、群众得实惠的东西，还是考虑不

---

① 邓小平：《坚持四项基本原则》，《邓小平文选》（第二卷），人民出版社，1994年，第164页。

多……从当地具体条件和群众意愿出发，这一点很重要……一定要讲清楚他们是在什么条件下，怎样根据自己的情况搞起来的，不能把他们说得什么都好，什么问题都解决了，更不能要求别的地方不顾自己的条件生搬硬套。"①邓小平在多个场合提出要重视林业建设，并要求从制度层面加强林业管理，甚至形成规范林业生产和消费的法律。"中国的林业要上去，不采取一些有力措施不行。是否可以规定每人每年都要种几棵树，比如种三棵或五棵树，要包种包活，多种者受奖，无故不履行此项义务者受罚。国家在苗木方面给予支持。可否提出个文件，由全国人民代表大会通过，或者由人大常委会通过，使它成为法律，及时施行。"②1982年11月，邓小平在会见来京参加中美能源、自然资源和环境会议的美国前驻华大使伍德科克时，提出："我们准备坚持植树造林，坚持它二十年、五十年。这个事情耽误了，今年才算是认真开始。特别是我国西北地区，有几十万平方公里的黄土高原，连草都不长，水土流失严重。黄河所以叫'黄'河，就是水土流失造成的。我们计划在那个地方先种草后种树，把黄土高原变成草原和牧区，就会给人们带来好处，人们就会富裕起来，生态环境也会发生很好的变化。"③从这些论述中可以看出，邓小平已经开始重视生态与经济建设的深层次运动规律。更重要的是，国家开始从制度设计层面推动环保事业的发展。

20世纪90年代以后，江泽民进一步提出："在社会主义现代化建设中，必须把贯彻实施可持续发展战略始终作为一件大事来抓。可持续发展的思想最早源于环境保护，现在已成为世界许多国家指导经济和社会发展的总体战略。经济发展，必须与人口、环境、资源统筹考虑，不仅要安排好当前的发展，还要为子孙后代着想，为未来的发展创造更好的条件，决不能走浪费资源和先污染后治理的路子，更不能吃祖宗饭、断子孙路。"④办好中国的事情，

① 邓小平：《关于农村政策问题》，《邓小平文选》（第二卷），人民出版社，1994年，第316~317页。
② 《邓小平年谱》（下册），中央文献出版社，2004年，第771页。
③ 同上，第867~868页。
④ 江泽民：《保护环境，实施可持续发展战略》，《江泽民文选》（第一卷），人民出版社，2006年，第532页。

必须考虑的是生态承载能力和庞大的人口基数之间的关系,这是中国特有的现代化的前提条件, 也是中国经济建设与生态可持续必须考虑的重要因素。"我国人口众多,人均资源相对短缺,科技水平不高,经济技术基础比较薄弱,保护生态环境面临的任务很艰巨。因此,在经济和社会发展中,我们必须努力做到投资少、消耗资源少,而经济社会效益高、环境保护好。如果在发展中不注意环境保护,等到生态环境破坏了以后再来治理和恢复,那就要付出更沉重的代价,甚至造成不可弥补的损失。"①江泽民还注意到,环境退化的趋势相当严峻,生态破坏的范围在进一步扩大,长此以往,经济发展的成绩也可能会被生态环境的破坏所抵消掉。他提出:"保护环境的实质就是保护生产力,这方面的工作要继续加强。环境意识和环境质量如何,是衡量一个国家和民族的文明程度的一个重要标志。现在,环境问题已涉及国际政治、经济、贸易和文化等众多领域……环境问题直接关系到人民群众的正常生活和身心健康。如果环境保护搞不好,人民群众的生活条件就会受到影响,甚至会造成一些疾病流传。对于已经产生的严重危害人民群众正常生活和身心健康的环境污染,必须抓紧治理。"②要转变生态退化这个趋势,必须从制度建设入手,从强化环境保护监督管理机制入手,各级党委和政府要把环境保护问题摆上重要的议事日程,"每年要听取环保工作的汇报, 及时研究和解决出现的问题,这要成为一项制度。要为环保部门严格执法创造良好条件,建立健全的行之有效的环保监督管理机制。各级领导干部要带头遵守有关环境保护的法律和法规,并为环保部门严格执法撑腰。各级党委和政府都应从维护中华民族的全局利益和长远利益出发,严格把好环保关。要把实施科教兴国战略与可持续发展战略紧密结合起来。环境保护方面的许多问题需要依靠科技进步、人们素质的提高来解决。衡量各级领导干部的政绩,应该包括环保方面的内容。经

---

① 江泽民:《保护环境,实施可持续发展战略》,《江泽民文选》(第一卷),人民出版社,2006年,第532页。

② 同上,第534~535页。

济搞上去了，环境也保护好了，人民群众就会更加满意，更加支持党和政府的工作"①。

江泽民在党的十五大报告提出要正确处理经济发展同人、资源、环境的关系。"资源开发和节约并举，把节约放在首位，提高资源利用效率。统筹规划国土资源开发和整治，严格执行土地、水、森林、矿产、海洋等资源管理和保护的法律。实施资源有偿使用制度。加强对环境污染的治理，植树种草，搞好水土保持，防治荒漠化，改善生态环境。控制人口增长，提高人口素质，重视人口老龄化问题。"②在党的十六大报告中，进一步提出这样的要求："可持续发展能力不断增强，生态环境得到改善，资源利用效率显著提高，促进人与自然的和谐，推动整个社会走上生产发展、生活富裕、生态良好的文明发展道路。"③为了实现这个目标，"国务院专门召开会议，作了研究部署，提出用十五年左右的时间，基本遏制生态环境恶化的趋势；在此基础上再用十五年左右的时间，使我国的生态环境有一个明显的改观；到下个世纪中叶，在全国建立起适应国民经济可持续发展的良性生态环境，大部分地区做到山川秀美、江河清澈……建立和完善环境与发展综合决策制度，区域、流域的开发和城区的建设、改造，必须进行环境影响评估，权衡利弊，统一决策；建立和完善管理制度，由环保部门统一监管，有关部门分工负责，实现齐抓共管；建立和完善环保投入制度，排污者和开发者要成为投入的主体，多渠道筹措环保资金；建立和完善公众参与制度，鼓励群众参与改善和保护环境，并加强社会舆论监督。要抓紧制定和完善环境保护所需要的法律法规，同时严格执法，坚决打击破坏环境的犯罪行为"④。对于西部大开发战略，江泽民

---

① 江泽民：《保护环境，实施可持续发展战略》，《江泽民文选》（第一卷），人民出版社，2006年，第535页。

② 江泽民：《高举邓小平理论伟大旗帜，把建设有中国特色社会主义事业全面推向二十一世纪》，《江泽民文选》（第二卷），人民出版社，2006年，第26页。

③ 江泽民：《全面建设小康社会，开创中国特色社会主义事业新局面》，《江泽民文选》（第三卷），人民出版社，2006年，第544页。

④ 江泽民：《继续努力防治污染，切实保护生态环境》，国家环境保护总局中共中央文献研究室编：《新时期环境保护重要文献选编》，中央文献出版社，2001年，第491~493页。

指出:"如果不从现在起,努力使生态环境有一个明显的改善,在西部地区实现可持续发展的战略就会落空,而且我们中华民族的生存和发展条件也将受到越来越严重的威胁。"①

江泽民还从更大的国际视野看到我国可持续发展战略面临诸多挑战,从中央到地方,都必须做好生态保护和可持续发展的持久战准备。"由于资本主义国家在全球范围内对资源的掠夺,造成了严重的资源浪费和环境污染。许多国家特别是发展中国家的人民为此付出了沉重的代价……在二十一世纪,我们要继续大力抓好稳定低生育水平,合理利用和严格管理资源,保护和创造良好生态环境的工作。能不能坚持做好人口资源环境工作,关系到我国经济和社会的安全,关系到我国人民生活的质量,关系到中华民族生存和发展的长远大计。各级党委和政府、人口资源环境部门和其他有关部门,都要充分认识这方面工作的极端重要性和艰巨性,牢固树立'打持久战'的思想,克服盲目乐观和麻痹松懈情绪,坚持不懈地抓下去。总之,全党和全国上下要下定决心,努力实现我们确定的人口资源环境目标,以保证我国跨世纪发展宏伟目标的实现。"②

进入21世纪,胡锦涛提出的"科学发展观",第一,要求牢固树立以人为本的观念。把最广大人民根本利益作为出发点和落脚点。着眼于充分调动人民群众的积极性、主动性、创造性,着眼于满足人民群众需要和促进人的全面发展,着眼于提高人民群众生活质量和健康素质,切实为人民群众创造良好生产生活环境,为中华民族长远发展创造良好条件。第二,要求牢固树立节约资源的观念。在全社会树立节约资源的观念,培育人人节约资源的社会风尚。建立资源节约型国民经济体系和资源节约型社会,逐步形成有利于节约资源和保护环境的产业结构和消费方式,依靠科技进步推进资源利用方式根本转

---

① 江泽民:《不失时机地实施西部大开发战略》,《江泽民文选》(第二卷),人民出版社,2006年,第342~344页。

② 江泽民:《在中央人口资源环境工作座谈会上的讲话》,国家环境保护总局中共中央文献研究室编:《新时期环境保护重要文献选编》,中央文献出版社,2001年,第626~628页。

变。第三,要求牢固树立保护环境的观念。彻底改变以牺牲环境、破坏资源为代价的粗放型增长方式。在全社会营造爱护环境、保护环境、建设环境的良好风气,增强全民族环境保护意识。第四,要求牢固树立人与自然相和谐的观念。发展经济要充分考虑自然的承载能力和承受能力,坚决禁止过度性放牧、掠夺性采矿、毁灭性砍伐等掠夺自然、破坏自然的做法。要研究绿色国民经济核算方法,探索将发展过程中的资源消耗、环境损失、环境效益纳入经济发展水平的评价体系,建立和维护人与自然相对平衡的关系。①

他还提出要建立资源节约型环境友好型社会,"要逐步形成同国情相适应的资源节约型消费模式。要在全社会加强宣传、教育、培训,营造建设资源节约型社会的良好氛围,提高人民群众特别是青少年的节约意识,使节约能源资源成为全社会的自觉行动。"②并将生态环境保护上升到中华民族可持续发展的高度上,要求全社会充分认识到保护生态环境的重要性、艰巨性、长期性。"要科学认识和自觉遵循自然规律,坚持保护优先、开发有序,根据资源环境承载能力,进行合理的功能区划分。对国土开发密度已经较高、资源环境承载能力开始减弱的区域要实行优化开发,以缓解资源环境压力;对资源环境承载能力较强、集聚经济和人口条件较好的区域要实行重点开发,以发挥区域发展潜力;对生态脆弱、大规模集聚经济和人口条件不够好的区域要实行限制开发,注重生态保护;对依法设立的各类自然保护区和生态保护区要禁止开发,搞好生态涵养。要坚持预防为主、综合治理,采取更加有效的措施,加强生态环境建设,降低污染物排放总量,改变先污染后治理、边治理边污染的状况,努力解决影响经济社会发展特别是严重危害人民健康的突出问题,重点是要抓好水污染防治,保障城乡饮用水源安全;加快城市大气污染治理,提高城市空气质量;加快土壤污染治理,保障食品安全。要加强

---

① 胡锦涛:《建设自然就是造福人类》,《胡锦涛文选》(第二卷),人民出版社,2016年,第170~171页。

② 胡锦涛:《我国经济社会发展的阶段性特征和需要抓紧解决的重大问题》,《胡锦涛文选》(第二卷),人民出版社,2016年,第375页。

建设项目和有关规划的环境影响评价,坚决防止产生新的污染。要加快制定和完善环境法律法规和标准,提高环境监管执法能力,建立健全生态补偿机制,增强公众保护生态环境的自觉意识,在全社会形成爱护生态环境、保护生态环境的良好风尚。"①

胡锦涛在党的十七大上系统论述了以科学发展观为指导,建设社会主义生态文明的总体布局。将科学发展观定位为"是立足社会主义初级阶段基本国情,总结我国发展实践,借鉴国外发展经验,适应新的发展要求提出来的。"坚持科学发展观就必须坚持全面协调可持续发展,"要按照中国特色社会主义事业总体布局,全面推进经济建设、政治建设、文化建设、社会建设,促进现代化建设各个环节、各个方面相协调,促进生产关系与生产力、上层建筑与经济基础相协调。坚持生产发展、生活富裕、生态良好的文明发展道路,建设资源节约型、环境友好型社会,实现速度和结构质量效益相统一、经济发展与人口资源环境相协调,使人民在良好生态环境中生产生活,实现经济社会永续发展"②。

---

① 胡锦涛:《我国经济社会发展的阶段性特征和需要抓紧解决的重大问题》,《胡锦涛文选》(第二卷),人民出版社,2016年,第375~376页。
② 胡锦涛:《高举中国特色社会主义伟大旗帜,为夺取全面建设小康社会新胜利而奋斗》,《胡锦涛文选》(第二卷),人民出版社,2016年,第624页。

链接3:绿水青山就是金山银山

2012年习近平总书记在广东考察期间,强调指出:"我们在生态环境方面欠账太多了……在发展过程中把生态环境破坏了,搞起一堆东西,最后一看都是一些破坏性的东西。再补回去,成本比当初创造的财富还要多……要实现永续发展,必须抓好生态文明建设。我们建设现代化国家,走美欧老路是走不通的。"①党的十八大把生态文明建设纳入中国特色社会主义事业总体布局,这是新时代我们党对社会主义建设规律在实践和认识上不断深化的重要成果。将生态文明建设提高到前所未有的空前高度,这是我们党在新时代的理论创新之一,党的十八大完整地提出了生态文明作为五位一体总体布局之重要一维的系统理论,即"强调要实现科学发展,要加快转变经济发展方式。如果仍是粗放发展,即使实现了国内生产总值翻一番的目标,那污染又会是一种什么情况?届时资源环境恐怕完全承载不了。想一想,在现有基础上不转变经济发展方式实现经济总量增加一倍,产能继续过剩,那将是一种什么样的生态环境? 经济上去了,老百姓的幸福感大打折扣,甚至强烈的不满情绪上来了,那是什么形势?所以,我们不能把加强生态文明建设、加强生态环境保护、提倡绿色低碳生活方式等仅仅作为经济问题。这里面有很大的政治"②。讲生态就是讲政治,讲生态就是讲民生,习近平总书记用鲜活生动的语言把

---

① 习近平:《习近平关于社会主义生态文明建设论述摘编》,中央文献出版社,2017年,第3~4页。
② 习近平:《习近平关于全面深化改革论述摘编》,中央文献出版社,2014年,第103页。

这中间的利害关系十分透彻地讲了出来，"环境就是民生，青山就是美丽，蓝天也是幸福，绿水青山就是金山银山；保护环境就是保护生产力，改善环境就是发展生产力。在生态环境保护上，一定要树立大局观、长远观、整体观，不能因小失大、顾此失彼、寅吃卯粮、急功近利。我们要坚持节约资源和保护环境的基本国策，像保护眼睛一样保护生态环境，像对待生命一样对待生态环境，推动形成绿色发展方式和生活方式，协同推进人民富裕、国家强盛、中国美丽"①。

也正是基于对生态文明建设也是一种政治的深刻认识，习近平总书记在多个场合，对生态文明建设的具体落实也做出了精细的指导，在谈到建立基层环境监测预警机制时，他指出："要抓紧对全国各县进行资源环境承载能力评价，抓紧建立资源环境承载能力监测预警机制。我到过的好几个县、地级市，都说要迁城，为什么要迁呢？没水了。缺水就迁城，要花好多钱。所以，水资源、水生态、水环境超载区域要实行限制性措施，调整发展规划，控制发展速度和人口规模，调整产业结构，避免犯历史性错误。"②在谈到生态空间管制的时候，他指出："要落实生态空间用途管制，继续严格实行耕地用途管制，并把这一制度扩大到林地、草地、河流、湖泊、湿地等所有生态空间。"③在谈到水资源管理的时候，他指出："水是公共产品，政府既不能缺位，更不能手软，该管的要管，还要管严、管好。水治理是政府的主要职责，首先要做好的是通过改革创新，建立健全一系列制度。湖泊湿地被滥占的一个重要原因是产权不到位、管理者不到位，到底是中央部门直接行使所有权人职责，还是授权地方的某一级政府行使所有权人职责？所有权、使用权、管理权是什么关系？产权不清、权责不明，保护就会落空，水权和排污权交易等节水控污的具体措施就难以广泛施行。有关部门在做好日常性建设投资和管理工作的同时，要

①　习近平：《习近平关于社会主义生态文明建设论述摘编》，中央文献出版社，2017年，第12页。

②③　习近平：《习近平关于社会主义生态文明建设论述摘编》，中央文献出版社，2017年，第104页。

拿出更多时间和精力去研究制度建设。"①并进一步要求把水资源管理作为地方政绩考核指标来抓，"把节水纳入严重缺水地区的政绩考核。在我们这种体制下，政绩考核还是必需的有效的，关键是考核内容要科学。我看要像节能那样把节水作为约束性指标纳入政绩考核，非此不足以扼制拿水不当回事的观念和行为。如果全国尚不具备条件，可否在严重缺水地区先试行，促使这些地区像抓节能减排那样抓好节水"②。在谈到生态文明制度建设的时候，他指出："保护生态环境必须依靠制度、依靠法治。只有实行最严格的制度、最严密的法治，才能为生态文明建设提供可靠保障。"③并且他还给出了具体指导意见，"最重要的是要完善经济社会发展考核评价体系，把资源消耗、环境损害、生态效益等体现生态文明建设状况的指标纳入经济社会发展评价体系，建立体现生态文明要求的目标体系、考核办法、奖惩机制，使之成为推进生态文明建设的重要导向和约束。"④习近平总书记强调，不仅仅要对好的生态文明建设举措给予奖励，而且要加大对生态不作为，甚至造成重大生态破坏的领导责任予以追究，"主要是对领导干部的责任追究制度。对那些不顾生态环境盲目决策、造成严重后果的人，必须追究其责任，而且应该终身追究。真抓就要这样抓，否则就会流于形式。不能把一个地方环境搞得一塌糊涂，然后拍拍屁股走人，官还照当，不负任何责任。组织部门、综合经济部门、统计部门、监察部门等都要把这个事情落实好"⑤。

　　之所以说生态文明论是我们党的系统性的理论创新之一，就在于这一理论在哲学世界观、中国文化史、党史等理论资源基础上建立了学理依据，从哲学世界观高度上，习近平总书记讲生态文明与人和自然地协同发展联系起来，认为："人与自然是生命共同体，人类必须尊重自然、顺应自然、保护自然。

---

①②　习近平：《习近平关于社会主义生态文明建设论述摘编》，中央文献出版社，2017年，第105页。

③④　习近平：《习近平关于社会主义生态文明建设论述摘编》，中央文献出版社，2017年，第99页。

⑤　同上，第100页。

人类只有遵循自然规律才能有效防止在开发利用自然上走弯路，人类对大自然的伤害最终会伤及人类自身，这是无法抗拒的规律。我们要建设的现代化是人与自然和谐共生的现代化，既要创造更多物质财富和精神财富以满足人民日益增长的美好生活需要，也要提供更多优质生态产品以满足人民日益增长的优美生态环境需要。"①习近平总书记结合中华文化史深刻论述道："生态文明是人类社会进步的重大成果。人类经历了原始文明、农业文明、工业文明，生态文明是工业文明发展到一定阶段的产物，是实现人与自然和谐发展的新要求。历史地看，生态兴则文明兴，生态衰则文明衰……我们中华文明传承五千多年，积淀了丰富的生态智慧。'天人合一''道法自然'的哲理思想，'劝君莫打三春鸟，儿在巢中望母归'的经典诗句，'一粥一饭，当思来处不易；半丝半缕，恒念物力维艰'的治家格言，这些质朴睿智的自然观，至今仍给人以深刻警示和启迪。"②他还引用先秦时代贤哲的思想，语重心长地论述道："我们的先人们早就认识到了生态环境的重要性。孔子说：'子钓而不纲，弋不射宿。'意思是不用大网打鱼，不射夜宿之鸟。荀子说：'草木荣华滋硕之时则斧斤不入山林，不夭其生，不绝其长也；鼋鼍、鱼鳖、鳅鳝孕别之时，罔罟、毒药不入泽，不夭其生，不绝其长也。'《吕氏春秋》中说：'竭泽而渔，岂不获得？而明年无鱼；焚薮而田，岂不获得？而明年无兽。'这些关于对自然要取之以时、取之有度的思想，有十分重要的现实意义。"③他还结合党史论述道："我们党一贯高度重视生态文明建设。20世纪80年代初，我们就把保护环境作为基本国策。多年来，我们大力推进生态环境保护，取得了显著成绩。但是，从目前情况看，资源约束趋紧、环境污染严重、生态系统退化的形势依然十分严峻。"④

　　生态文明论中哲学世界观的深度和广度也使得中国在发展自身经济过

①　习近平：《决胜全面建成小康社会 夺取新时代中国特色社会主义伟大胜利——在中国共产党第十九次全国代表大会上的报告》，人民出版社，2017年，第23~24页。
②　习近平：《习近平关于社会主义生态文明建设论述摘编》，中央文献出版社，2017年，第6页。
③　同上，第11~12页。
④　同上，第6~7页。

程中，更密切地关注世界环境和气候变化，更负责任地承担起一个发展中大国应有的环境责任。习近平总书记在出席联合国气候变化问题领导人工作午餐会时，负责任地指出："中国一直本着负责任的态度积极应对气候变化，将应对气候变化作为实现发展方式转变的重大机遇，积极探索符合中国国情的低碳发展道路。中国政府已经将应对气候变化全面融入国家经济社会发展的总战略。去年，中国单位国内生产总值的二氧化碳排放比二〇〇五年下降了百分之三十三点八。未来，中国将进一步加大控制温室气体排放力度，争取到二〇二〇年实现碳强度降低百分之四十至百分之四十五的目标。中国愿意继续承担同自身国情、发展阶段、实际能力相符的国际责任。今年上半年，我们正式提交了国家自主贡献，宣布了相应的落实举措。两天前，中美两国发表了第二份关于气候变化的联合声明。中国还将推动'中国气候变化南南合作基金'尽早投入运营，支持其他发展中国家应对气候变化。中国愿意同世界各国一道，在落实发展议程的过程中，合作应对气候变化。"①

在应对环境和气候变化的重要国际会议场合，习近平总书记反复强调和呼吁国际社会要携手合作共赢，从人类命运共同体的高度去公平合理地应对全球气候变化，他指出："坚持绿色低碳，建设一个清洁美丽的世界。人与自然共生共存，伤害自然最终将伤及人类。空气、水、土壤、蓝天等自然资源用之不觉、失之难续。工业化创造了前所未有的物质财富，也产生了难以弥补的生态创伤。我们不能吃祖宗饭、断子孙路，用破坏性方式搞发展。绿水青山就是金山银山。我们应该遵循天人合一、道法自然的理念，寻求永续发展之路。"②同时，习近平总书记也从人类命运共同体的高度，向全世界庄严作出中国的承诺："我们要倡导绿色、低碳、循环、可持续的生产生活方式，平衡推进二〇三〇年可持续发展议程，不断开拓生产发展、生活富裕、生态良好的文明发展道路。《巴黎协定》的达成是全球气候治理史上的里程碑。我们

---

① 习近平：《习近平关于社会主义生态文明建设论述摘编》，中央文献出版社，2017年，第130~131页。
② 同上，第143~144页。

不能让这一成果付诸东流。各方要共同推动协定实施。中国将继续采取行动应对气候变化,百分之百承担自己的义务。"①

---

① 习近平:《习近平关于社会主义生态文明建设论述摘编》,中央文献出版社,2017年,第143~144页。

链接4：环境保护与可持续发展

　　改革开放以来，我国在可持续发展的具体政策举措方面对党中央的宏观规划作出了许多积极的探索和实践。2005年，国务院针对传统的高消耗、高排放、低效率的粗放型增长方式仍未根本转变，资源利用率低，环境污染严重。同时，存在法规、政策不完善，体制、机制不健全，相关技术开发滞后等问题，就具体如何发展循环经济，实现经济、环境和社会效益相统一，建设资源节约型和环境友好型社会，做出了具体的规范性的指导意见。

　　在基本原则方面，《国务院关于加强发展循环经济的若干意见》指出，要"坚持走新型工业化道路，形成有利于节约资源、保护环境的生产方式和消费方式；坚持推进经济结构调整，加快技术进步，加强监督管理，提高资源利用效率，减少废物的产生和排放；坚持以企业为主体，政府调控、市场引导、公众参与相结合，形成有利于促进循环经济发展的政策体系和社会氛围"[①]。按照这一基本原则，国务院具体部署的重点工作是"一是大力推进节约降耗，在生产、建设、流通和消费各领域节约资源，减少自然资源的消耗。二是全面推行清洁生产，从源头减少废物的产生，实现由末端治理向污染预防和生产全过程控制转变。三是大力开展资源综合利用，最大程度实现废物资源化和再生资源回收利用。四是大力发展环保产业，注重开发减量化、再利用和资源化

---

① 《国务院关于加强发展循环经济的若干意见》，《中华人民共和国国务院公报》，2005年第23期。

技术与装备,为资源高效利用、循环利用和减少废物排放提供技术保障"①。在重点工作中,着重要抓的是五大环节,"一是资源开采环节要统筹规划矿产资源开发,推广先进适用的开采技术、工艺和设备,提高采矿回采率、选矿和冶炼回收率,大力推进尾矿、废石综合利用,大力提高资源综合回收利用率。二是资源消耗环节要加强对冶金、有色、电力、煤炭、石化、化工、建材(筑)、轻工、纺织、农业等重点行业能源、原材料、水等资源消耗管理,努力降低消耗,提高资源利用率。三是废物产生环节要强化污染预防和全过程控制,推动不同行业合理延长产业链,加强对各类废物的循环利用,推进企业废物'零排放';加快再生水利用设施建设以及城市垃圾、污泥减量化和资源化利用,降低废物最终处置量。四是再生资源产生环节要大力回收和循环利用各种废旧资源,支持废旧机电产品再制造;建立垃圾分类收集和分选系统,不断完善再生资源回收利用体系。五是消费环节要大力倡导有利于节约资源和保护环境的消费方式,鼓励使用能效标识产品、节能节水认证产品和环境标志产品、绿色标志食品和有机标志食品,减少过度包装和一次性用品的使用。政府机构要实行绿色采购"②。为了促进循环经济工作落实到实处,国务院同时部署如何具体建立循环经济评价体系和核算制度,要求"发展改革委要会同统计局、环保总局等有关部门加快研究建立循环经济评价指标体系,逐步纳入国民经济和社会发展计划,并建立循环经济的统计核算制度。地方各级人民政府有关部门要积极开展循环经济的统计核算,加强对循环经济主要指标的分析"③。国务院指出,在国民经济运行的各个环节,注重在结构调整和产业布局调整过程中加强对盲目投资、低水平重复建设,限制高耗能、高耗水、高污染产业的发展限制,尽快淘汰落后工艺、技术和设备,实现传统产业升级,加快用高新技术和先进适用技术改造传统产业。发展改革委在国民经济结构调整和产业布局中要尽快"制定《产业结构调整暂行规定》《产业结构调

---

① ② ③ 《国务院关于加强发展循环经济的若干意见》,《中华人民共和国国务院公报》,2005年第23期。

整指导目录》以及加快服务业发展的指导意见,推进产业结构优化升级。同时,要根据资源环境条件和区域特点,用循环经济的发展理念指导区域发展、产业转型和老工业基地改造。开发区和重化工业集中地区,要按照循环经济要求进行规划、建设和改造,对进入的企业要提出土地、能源、水资源利用及废物排放综合控制要求,围绕核心资源发展相关产业,发挥产业集聚和工业生态效应,形成资源高效循环利用的产业链,提高资源产出效率"①。循环经济在西方发达资本主义国家已经有几十年的积累,之所以欧美和日本等发达国家在循环经济方面走在我国前面,主要原因就在于发达国家重视循环经济技术开发和技术标准体系建设,鉴于此,"有关部门要加大科技投入,支持循环经济共性和关键技术的研究开发。积极引进和消化、吸收国外先进的循环经济技术,组织开发共伴生矿产资源和尾矿综合利用技术、能源节约和替代技术、能量梯级利用技术、废物综合利用技术、循环经济发展中延长产业链和相关产业链接技术、'零排放'技术、有毒有害原材料替代技术、可回收利用材料和回收处理技术、绿色再制造技术以及新能源和可再生能源开发利用技术等,提高循环经济技术支撑能力和创新能力"②。同时,"要加快制定高耗能、高耗水及高污染行业市场准入标准和合格评定制度,制定重点行业清洁生产评价指标体系和涉及循环经济的有关污染控制标准。加强节能、节水等资源节约标准化工作,完善主要用能设备及建筑能效标准、重点用水行业取水定额标准和主要耗能(水)行业节能(水)设计规范。建立和完善强制性产品能效标识、再利用品标识、节能建筑标识和环境标志制度,开展节能、节水、环保产品认证以及环境管理体系认证。"③此外,国务院也要求积极利用市场经济的调节机制,营造良好市场环境,促进市场对循环经济发展的接受,"利用价格杠杆促进循环经济发展。调整资源性产品与最终产品的比价关系,理顺自然资源价格,逐步建立能够反映资源性产品供求关系的价格机制……地方各

---

①②③　《国务院关于加强发展循环经济的若干意见》,《中华人民共和国国务院公报》,2005年第23期。

级人民政府价格主管部门要研究制定并落实各项促进循环经济发展的价格政策"①。除了市场调节机制外,各级投资主管部门也要积极填补市场调节的真空区域,"加大对发展循环经济的支持。对发展循环经济的重大项目和技术开发、产业化示范项目,政府要给予直接投资或资金补助、贷款贴息等支持,并发挥政府投资对社会投资的引导作用。各类金融机构应对促进循环经济发展的重点项目给予金融支持。财政部门要积极安排资金,支持发展循环经济的政策研究、技术推广、示范试点、宣传培训等,并会同有关部门积极落实清洁生产专项资金"②。有关市场调节和宏观计划调节的手段要有法律法规的配套,因此,国务院要求结合我国国情,加快研究建立和健全循环经济的法律法规体系。而对于已有的相关法律,如《中华人民共和国节约能源法》《中华人民共和国可再生能源法》《中华人民共和国清洁生产促进法》《中华人民共和国固体废物污染环境防治法》和《中华人民共和国环境影响评价法》等,则要求加大依法监督管理的力度。

2016年,"十三五"规划提出,"坚持节约资源和保护环境的基本国策,坚持可持续发展,坚定走生产发展、生活富裕、生态良好的文明发展道路,加快建设资源节约型、环境友好型社会,形成人与自然和谐发展现代化建设新格局,推进美丽中国建设,为全球生态安全做出新贡献"③。从人类生态文明构建的高度,"十三五"规划努力统一国内生态环境保护与国际生态责任,国内生态环境保护是承担国际生态责任的基础和前提,因此,加快改善生态环境刻不容缓,规划强调"以提高环境质量为核心,以解决生态环境领域突出问题为重点,加大生态环境保护力度,提高资源利用效率,为人民提供更多优质生态产品,协同推进人民富裕、国家富强、中国美丽"④。值得注意的是,我国幅员辽阔,生态环境既丰富又复杂,因此,抓主体功能区作为统领全局的首要手

---

① ② 《国务院关于加强发展循环经济的若干意见》,《中华人民共和国国务院公报》,2005年第23期。

③ 《中华人民共和国国民经济和社会发展第十三个五年规划纲要》,人民出版社,2016年,第16页。

④ 同上,第84页。

段成为规划改善生态环境的重要举措,也就是"强化主体功能区作为国土空间开发保护基础制度的作用,加快完善主体功能区政策体系,推动各地区依据主体功能定位发展……有度有序利用自然,调整优化空间结构,推动形成以'两横三纵'为主体的城市化战略格局、以'七区二十三带'为主体的农业战略格局、以'两屏三带'为主体的生态安全战略格局,以及可持续的海洋空间开发格局"①。除了主体功能区的推进布局之外,围绕主体功能区的政策配套也需要同步推进,"根据不同主体功能区定位要求,健全差别化的财政、产业、投资、人口流动、土地、资源开发、环境保护等政策,实行分类考核的绩效评价办法。重点生态功能区实行产业准入负面清单。加大对农产品主产区和重点生态功能区的转移支付力度,建立健全区域流域横向生态补偿机制。设立统一规范的国家生态文明试验区。建立国家公园体制,整合设立一批国家公园"②。生态环境的改善不仅仅是国家所推动的政策行为,同时它也是全社会的基本生产方式和生活方式,因此,从资源的节约利用入手,规划倡导"树立节约集约循环利用的资源观,推动资源利用方式根本转变,加强全过程节约管理,大幅提高资源利用综合效益"③。在全国范围内推进节水型社会建设,强化土地节约集约利用,加强矿产资源节约和管理,大力发展循环经济,倡导勤俭节约的生活方式,建立健全资源高效利用机制。在国际生态责任方面,积极主动承担节能减排所应当承担的责任,积极应对全球气候变化,"坚持减缓与适应并重,主动控制碳排放,落实减排承诺,增强适应气候变化能力,深度参与全球气候治理,为应对全球气候变化做出贡献"④。在国际环境保护合作方面,"坚持共同但有区别的责任原则、公平原则、各自能力原则,积极承担与我国基本国情、发展阶段和实际能力相符的国际义务,落实强化应对气候变化行动的国家自主贡献。积极参与应对全球气候变化谈判,推动建立公平

---

① ② 《中华人民共和国国民经济和社会发展第十三个五年规划纲要》,人民出版社,2016年,第85页。
③ 同上,第86页。
④ 同上,第97页。

合理、合作共赢的全球气候治理体系。深化气候变化多双边对话交流与务实合作。充分发挥气候变化南南合作基金作用,支持其他发展中国家加强应对气候变化能力"[1]。

① 《中华人民共和国国民经济和社会发展第十三个五年规划纲要》,人民出版社,2016年,第97页。

链接5：生态文明建设

2013年,《中共中央关于全面深化改革若干重大问题的决定》就加快生态文明建设提出重要决定,决定认为:"建设生态文明,必须建立系统完整的生态文明制度体系,实行最严格的源头保护制度、损害赔偿制度、责任追究制度,完善环境治理和生态修复制度,用制度保护生态环境。"①探索编制自然资源资产负债表,对领导干部实行自然资源资产离任审计。建立生态环境损害责任终身追究制,实行资源有偿使用制度和生态补偿制度。加快自然资源及其产品价格改革,全面反映市场供求、资源稀缺程度、生态环境损害成本和修复效益。坚持使用资源付费和谁污染环境、谁破坏生态谁付费原则,逐步将资源税扩展到占用各种自然生态空间。稳定和扩大退耕还林、退牧还草范围,调整严重污染和地下水严重超采区耕地用途,有序实现耕地、河湖休养生息。建立有效调节工业用地和居住用地合理比价机制,提高工业用地价格。坚持谁受益、谁补偿原则,完善对重点生态功能区的生态补偿机制,推动地区间建立横向生态补偿制度。发展环保市场,推行节能量、碳排放权、排污权、水权交易制度,建立吸引社会资本投入生态环境保护的市场化机制,推行环境污染第三方治理。改革生态环境保护管理体制。建立和完善严格监管所有污染物排放的环境保护管理制度,独立进行环境监管和行政执法。建立陆海统筹的生态系统保护修复和污染防治区域联动机制。健全国有林区经

---

① 《中共中央关于全面深化改革若干重大问题的决定》,《十八大以来重要文献选编》(上),中央文献出版社,2014年,第541页。

营管理体制,完善集体林权制度改革。及时公布环境信息,健全举报制度,加强社会监督。完善污染物排放许可制,实行企事业单位污染物排放总量控制制度。对造成生态环境损害的责任者严格实行赔偿制度,依法追究刑事责任。①

2015年,国务院制定关于推进生态文明建设的意见,再次强调,"加快推进生态文明建设是加快转变经济发展方式、提高发展质量和效益的内在要求,是坚持以人为本、促进社会和谐的必然选择,是全面建成小康社会、实现中华民族伟大复兴中国梦的时代抉择,是积极应对气候变化、维护全球生态安全的重大举措。要充分认识加快推进生态文明建设的极端重要性和紧迫性,切实增强责任感和使命感,牢固树立尊重自然、顺应自然、保护自然的理念,坚持绿水青山就是金山银山,动员全党、全社会积极行动、深入持久地推进生态文明建设,加快形成人与自然和谐发展的现代化建设新格局,开创社会主义生态文明新时代。"②并提出具体规划,要求到2020年,"资源节约型和环境友好型社会建设取得重大进展,主体功能区布局基本形成,经济发展质量和效益显著提高,生态文明主流价值观在全社会得到推行,生态文明建设水平与全面建成小康社会目标相适应……生态文明重大制度基本确立。基本形成源头预防、过程控制、损害赔偿、责任追究的生态文明制度体系,自然资源资产产权和用途管制、生态保护红线、生态保护补偿、生态环境保护管理体制等关键制度建设取得决定性成果"③。意见主要从八个方面作出具体部署:第一,优化国土空间开发格局,健全空间规划体系,科学合理布局和整治生产空间、生活空间、生态空间;第二,推动技术创新和结构调整,提高发展质量和效益,构建科技含量高、资源消耗低、环境污染少的产业结构,加快推动生产方式绿色化,大幅提高经济绿色化程度,有效降低发展的资源环境代价;第三,全面促进资源节约循环高效使用,推动利用方式根本转变,在生产、流

---

① 《中共中央关于全面深化改革若干重大问题的决定》,《十八大以来重要文献选编》(上),中央文献出版社,2014年,第542页。

②③ 《中共中央国务院关于加快推进生态文明建设的意见》,《中华人民共和国国务院公报》,2015年第14期。

通、消费各环节大力发展循环经济,实现各类资源节约高效利用;第四,加大自然生态系统和环境保护力度,切实改善生态环境质量,严格源头预防、不欠新账,加快治理突出生态环境问题、多还旧账,让人民群众呼吸新鲜的空气,喝上干净的水,在良好的环境中生产生活;第五,健全生态文明制度体系,引导、规范和约束各类开发、利用、保护自然资源的行为,用制度保护生态环境;第六,加强生态文明建设统计监测和执法监督,针对薄弱环节,加强统计监测、执法监督,为推进生态文明建设提供有力保障;第七,加快形成推进生态文明建设的良好社会风尚;第八,切实加强组织领导,健全生态文明建设领导体制和工作机制,勇于探索和创新,推动生态文明建设蓝图逐步成为现实。①

2015年,党中央和国务院联合印发《生态文明体制改革总体方案》,方案从理念上更加强调一种发展观点的哲学更新,认为当前中国的经济社会发展应当"树立尊重自然、顺应自然、保护自然的理念,生态文明建设不仅影响经济持续健康发展,也关系政治和社会建设,必须放在突出地位,融入经济建设、政治建设、文化建设、社会建设各方面和全过程。树立绿水青山就是金山银山的理念,清新空气、清洁水源、美丽山川、肥沃土地、生物多样性是人类生存必需的生态环境,坚持发展是第一要务,必须保护森林、草原、河流、湖泊、湿地、海洋等自然生态"②。并要求,"到2020年,构建起由自然资源资产产权制度、国土空间开发保护制度、空间规划体系、资源总量管理和全面节约制度、资源有偿使用和生态补偿制度、环境治理体系、环境治理和生态保护市场体系、生态文明绩效评价考核和责任追究制度等八项制度构成的产权清晰、多元参与、激励约束并重、系统完整的生态文明制度体系,推进生态文明领域国家治理体系和治理能力现代化,努力走向社会主义生态文明新时代"③。

――――――――

① 《中共中央国务院关于加快推进生态文明建设的意见》,《中华人民共和国国务院公报》,2015年第14期。

②③ 《中共中央国务院关于加快推进生态文明建设的意见》,《中华人民共和国国务院公报》,2015年第28期。

二

国际文件和文献

1.《只有一个地球》(1972年)(节选)

　　两个世纪以来,不断聚集起来的扩大市场的强大力量,也产生了未曾料到的、分散的、动荡的副作用。最显著的副作用是财富分配相差悬殊。如果用费用的新概念来表达的话,则每项事物都必须付出代价;那么,无视费用观点的社会,所设计的一系列关于社会秩序的安排,势必不能继续存在于封建时代的庄园或商人住宅中,为了个人威严而设置的奴仆已经被遣散了。18世纪在英国,19世纪在欧洲的农民改良运动以及20世纪在亚洲的“绿色革命”,从耕地上驱走了佃农及雇农,而开始采用新的生产技术,以减少劳动费用,增加单位产量。农村社会的救济设施和互助善堂之类的组织网被破坏了。被迫离开土地的人们流浪到新的工业城市。他们只获得仅仅能维持生存的工资,而将全部剩余的财富给了富人。这些富人有些早就腰缠万贯,有些则是暴发户。富人将所得的剩余财富或用于扩大再生产,或用于荒淫生活。社会发展的不平衡,贫富间的差距悬殊,实际上在工业发展的早期已经扩大了。今日发展中的社会,也仍然可能产生这样的情况。

　　由于过分强调商品的销售和利润的获得,这种社会体系对一些主要的公共福利事业的投资,如卫生、教育、城市规划、公共安全、环境改善等,因为不能提供直接利润,而被牺牲或推迟了;而所有这些又无论如何也是一般穷人所办不起的。因此,这种现象后来被称为“私人富裕,公共污秽”,追溯到消费品的生产和交换经济的最初阶段,可能就已经存在了。

　　我们能明显地看到社会不平衡影响的两个方面:一是在早期企业中被

公认的正常工业成本方面;二是在第一批工业城市的形成方面。首先,关于成本问题,在两个世纪以前,当工业革命正在聚集动力的时期,新的经理人员及工厂主,对他们没有经验的新企业中所预见到的危险,并没有明确的政策。就新的企业来说,危险是确实存在的。例如一项无用的发明,一种化学药品不起漂白作用反而将布烧了,坏机器没有完成预计的生产而白白地消耗了蒸汽等等。这些都足以成为预料不到的危险,更不必提额外的环境和公共福利的负担了。总之,每种新工艺和新方法的试验,都可能带来使本人及其家庭以及他的朋友破产的危险。在早期的日子里,还没有有限责任的规定。19世纪的小说中,就充满着银行破产、职员潜逃及流氓股东之类的故事。

因此,对于企业家来说,不会愚蠢到去支付任何可以避免的费用。早期工业体系中成本的定义,包含极有限的内容。至今在某些程度上,这种观点还保留着。成本原来只是企业家不能不付的款项。至于任何其他的费用,却留给别人或搁置起来置之不理了。不加处理的炼铁炉渣,小山似的堆在矿场或高炉近旁。在美国威尔士的阿伯凡地方,大量废渣造成过严重惨剧。那里堆积废渣的时间超过一个世纪,后来多得向山谷下滑去,埋没了儿童正在就读的一座农村小学。工业废水任意流入江河,工厂的烟气排放到空中使人窒息。厂房内部节省得任何装饰物品都没有,只有梦魇似的噪音、高温以及由震动、撞击与没围栏的机器产生的各种危险。经常有十岁以下的穷苦童工,掉进机器而惨死。

通过政治方面的影响,例如工厂法及稽查制度的建立,逐渐地改进了工厂内部的条件。但是空气的污染与大量废水的排入河道,仍然很少引起注意。部分原因是工业化的规模和消费品的产量还没有那么大,空气、江河及海潮都还来得及净化它们所产生的大量污物。自然体系还在充当无报酬的清洁夫,被视为"无偿装置"。只有少数古典经济学家曾经讨论过所谓"外部不经济性"问题。譬如说,一个工厂的煤烟污染了邻厂的窗户,或上游工厂排出的氯气毒害了下游的鱼类等等。换言之,一个企业虽然自身避免了损失,却使别的企业受到损害。这些经济学家也曾提出过补救办法,如处以公害罚款,课以污染税等。直至1967年,世界上最通用的经济学课本中,只有一本在脚注和附录中谈到这类"外部不经济性",可见这个问题仍然被忽视了。

市场交易手段的缺陷,早在工业城市兴起的初期,就表现得很明显了。技术革命和市场扩大无疑加速了城市化的进程。人类的大部分工作不再是在耕地上进行,而是开始在密布建筑物的区域中完成,这是史无前例的。

在工厂和城市居住区扩大的过程中,完全受市场动态支配的经济发展所产生的一些最显著的缺点,始终存在。

历史上在欧洲的新兴国家中,由于中央集权的倾向,在技术革命与市场扩大以前就已经开始了推动首都城市的扩大。16世纪,伦敦只有二十五万居民,米兰,二十多万,安特卫普及阿姆斯特丹各只有十多万居民。两个世纪以后,伦敦就增加到将近一百万人口,巴黎超过六十五万人。然而城市的扩大,使新企业家开始懂得了人口大量集中,给商业带来了利益。大量的劳动力、便于交易的市场以及迅速的原料供应等等,所有这一切都有降低成本的优点,形成了城市的格局。工厂开始搬往最大城市的附近,于是建立了新的工业城市。如曼彻斯特,在1717年只不过是一个一万二千人口的村庄,四十年后增长到具有三万人口的城镇,到19世纪60年代,却成为三十万人口的大工业城市了。

在这些新的聚居地,由于人口的过分集中,废物及排泄物的祸患也就成倍地增加。再加上城市工人的穷困和非常拥挤的棚户生活,使这种情况更为恶化。在工业化的初期,工人工资同所有其他成本一样,都被压到最低数字。被逐出庄园的穷人和手工艺者,以及贫苦小贩与孤儿,都被新机器剥夺了生活权利而成为失业者。这些人的就业竞争,使他们所获得的微薄工资,仅能勉强维持他们病弱躯体的生存。这种贫困情况转而又造成了工业城市住房条件的恶化。小棚子似的房子在方丈之地一个挨着一个搭了起来。搭的房子如此之多,有半数房子的光线只能从别人家的门洞里射进来。有些棚户区连水井都没有。有的在地下挖掘粪坑,有的则连粪坑都没有,根本无法解决住户的卫生要求。所以,污物就不可避免地在街道上堆积起来了。

由于租房居住的人家非常多，所以一般每家只有一间房，或一间阁楼。他们却为房产主提供了利润，大大地提高了城市的地价，从而更增加了供应廉价房屋的困难。在临时出租的房间里，工人轮流租用床位睡觉。铁路的拱桥下，以及公园的长凳上，都成了赤贫如洗的人们的流浪住处。目前在印度的孟买仍有这样的情况。

在这样的环境中，疾病与死亡是日常生活中司空见惯的事。城市的死亡率远较乡村为高，这样就限制了人口的增长率。使人窒息的烟尘及混浊的迷雾，对患呼吸器官病症的人是重要的致死因素。斑疹伤寒及其他传染病，在肮脏而拥挤的区域流行起来，造成大量的人口死亡。可怕的伤寒病，从贫民窟蔓延到中产人家的住宅区，最后甚至扩展到贵族的宫廷。

城市的所有这些祸患，使现代人类的生活习惯发生了很大的变化。凡是能够避开工业城市市区内污秽、疾病及噪音的人，都设法迁居。19世纪中叶，人们就开始向城市近郊迁移。起初是在骑马和乘马车所能达到的近郊绿化园林里建造别墅。例如早期伦敦近郊的克拉勃汉及汉普斯特德，巴黎近郊的圣·克劳或纽约近郊的布鲁克林·海兹，都成了别墅区。后来由于火车能通到更远的郊区，于是居民就从大城市中心迁到远郊区，从而形成了"卫星城"。居民区波浪似的继续向卫星城四周扩大，其结果使人们原想逃避的情况，在新的地方又出现了。

到19世纪末叶，纽约的布鲁克林·海兹像所有其他"第一代"的郊区城市那样，又成了新的城市中心。但是城市的扩大还在继续，地价不断上涨，引诱着私营地产商和投机的房屋经纪人。在某些国家，富裕户迁移后，付得起高房租和地价税的人减少了，使旧城区的问题更难于解决。因此，向近郊迁移，却使旧城区的情况更坏。本杰明·狄士累利针对19世纪时的英国情况曾这样说过："同时存在着两个民族——富裕的民族和贫穷的民族。"

……

我们既不是梦游者也不是迷路的羔羊。人们以前没有理解到地球上的相互依存关系的程度，部分原因至少是由于这种依存性过去还没有出现过明显的事实及精确的自然和科学实例。近年来，通过对地球基本情况的新理解，我们已开始获得了有关人类生存的新知识。我们现在来学习，也许正是时候了。

我们已经开始在三个明显的领域中，看到若干全球性政策必须遵循的方向。这三个领域就是科学、市场和国家。它们是三股独自的、强力的和具分裂倾向的力量。正是这些巨大的力量把我们带入了目前的困境。但它们也从反面向我们指出了关于环境统一性的深刻而又广泛的人类共有的知识：关于分享主权经济和主权政治的伙伴关系的新意识，关于必须超出狭隘地忠顺于部族和国家的老传统，而忠于更广大的全人类。当前已有朝着这些方向迈步的苗头，我们必须进一步促使这些苗头成为地球上人类生存的新动力和新鞭策。

让我们从知识的必要性开始论述。

建立保护地球战略的第一步，应要求各国以集体的责任感去发现更多的关于自然界的知识，以及关于自然界同人类活动如何相互影响的知识。这样做就得包括规模空前的监测和研究方面的合作，包括全世界范围有组织有系统地进行知识和经验的交流，包括能够随时接受任何地方所需要的调查研究工作，其费用由国际支付。

这意味着把知识变为行动的全面合作——无论是将研究用的人造卫星送入轨道，还是渔业上达成协议，还是介绍预防血吸虫病的新方法。

有一点很重要，不要以为我们现在还有许多不知道的事物，而妨碍我们积极地行动起来。尽管我们未知的事物还很多，可是我们确实也已掌握了好些基本知识。首先，我们知道好些限度：自然体系及其各组成部分所能承受的负担的限度；人体对毒物的耐受限度；人类的行动不致破坏自然平衡的限度；在无情加速的社会变化或社会恶化中人们及其社会所能经受的精神冲击的限度。当然在许多具体情况下，还不可能明确地说清这些限度。但无论哪里出现了危险的迹象，如内陆海水中氧气的逐渐减少、害虫对杀虫剂产生了抗药性、红土取代了热带森林、空气中二氧化碳的增加、海洋中毒物的出现以及城市里发生了流行病，我们都应随时通过国际合作发动有指导的调查研究工作,这样不但能以最快的速度提出解决迫切问题的办法,而且还使我们能够获得有关自然体系如何运行的具体而又广阔的知识。如果盲目听任危险迹象发展下去,或保守地不交流解决问题所需的知识,那只能意味着我们要吃更大的苦头,并给后代带来不应有的危险。

把我们赖以生存的地球上的相互依存性的新知识全面公开共享,也能够帮助人们逐渐解决无限敏感的、具有分裂性的主权主义的经济问题和政治问题。

选自[美]芭芭拉·沃德、[美]勒内·杜博斯主编:《只有一个地球——对一个小小行星的关怀和维护》,国外公害资料编译组译,石油工业出版社,1981年,第24~29页、第267~268页。

2.《联合国人类环境宣言》(1972年)

联合国人类环境会议于1972年6月5日至16日在斯德哥尔摩举行，考虑到需要取得共同的看法和制定共同的原则以鼓舞和指导世界各国人民保持和改善人类环境，兹宣布：

(1)人类既是他的环境的创造物，又是他的环境的塑造者，环境给予人以维持生存的东西，并给他提供了在智力、道德、社会和精神等方面获得发展的机会。生存在地球上的人类，在漫长和曲折的进化过程中，已经达到这样一个阶段，即由于科学技术发展的迅速加快，人类获得了以无数方法和在空前的规模上改造其环境的能力。人类环境的两个方面，即天然和人为的两个方面，对于人类的幸福和对于享受基本人权，甚至生存权利本身，都必不可缺少的。

(2)保护和改善人类环境是关系到全世界各国人民的幸福和经济发展的重要问题，也是全世界各国人民的迫切希望和各国政府的责任。

(3)人类总得不断地总结经验，有所发现，有所发明，有所创造，有所前进。在现代，人类改造其环境的能力，如果明智地加以使用的话，就可以给各国人民带来开发的利益和提高生活质量的机会。如果使用不当，或轻率地使用，这种能力就会给人类和人类环境造成无法估量的损害。在地球上许多地区，我们可以看到周围有越来越多的说明人为的损害的迹象：在水、空气、土壤以及生物中污染达到危害的程度；生物界的生态平衡受到严重和不适当的扰乱；一些无法取代的资源受到破坏或陷于枯竭；在人为的环境，特别是生活和工作环境里存在着有害于人类身体、精神和社会健康的严重缺陷。

（4）在发展中的国家中，环境问题大半是由于发展不足造成的。千百万人的生活仍然远远低于像样的生活所需要的最低水平。他们无法取得充足的食物和衣服、住房和教育、保健和卫生设备。因此，发展中的国家必须致力于发展工作，牢记他们优先任务和保护及改善环境的必要。为了同样目的，工业化国家应当努力缩小他们自己与发展中国家的差距。在工业化国家里，环境一般同工业化和技术发展有关。

（5）人口的自然增长继续不断地给保护环境带来一些问题，但是如果采取适当的政策和措施，这些问题是可以解决的。世间一切事物中，人是第一可宝贵的。人民推动着社会进步，创造着社会财富，发展着科学技术，并通过自己的辛勤劳动，不断地改造着人类环境。随着社会进步和生产、科学及技术的发展，人类改善环境的能力也与日俱增。

（6）现在已达到历史上这样一个时刻：我们在决定在世界各地的行动时，必须更加审慎地考虑它们对环境产生的后果。由于无知或不关心，我们可能给我们的生活幸福所依靠的地球环境造成巨大的无法挽回的损害。反之，有了比较充分的知识和采取比较明智的行动，我们就可能使我们自己和我们的后代在一个比较符合人类需要和希望的环境中过着较好的生活。改善环境的质量和创造美好生活的前景是广阔的。我们需要的热烈而镇定的情绪，紧张而有秩序的工作。为了在自然界里取得自由，人类必须利用知识在同自然合作的情况下建设一个较好的环境。为了这一代和将来的世世代代，保护和改善人类环境已经成为人类一个紧迫的目标，这个目标同争取和平、全世界的经济与社会发展这两个既定的基本目标共同和协调地实现。

（7）为实现这一环境目标，将要求公民和团体以及企业和各级机关承担责任，大家平等地从事共同的努力。各界人士和许多领域中的组织，凭他们有价值的品质和全部行动，将确定未来的世界环境的格局。各地方政府和全国政府，将对在他们管辖范围内的大规模环境政策和行动，承担最大的责任。为筹措资金以支援发展中国家完成他们在这方面的责任，还需要进行国际合作。种类越来越多的环境问题，因为它们在范围上是地区性或全球性的，或者因为它们影响着共同的国际领域，将要求国与国之间广泛合作和国际组织采取行动以谋求共同的利益。会议呼吁各国政府和人民为着全体人民和他们的子孙后代的利益而作出共同的努力。

这些原则申明了共同的信念：

（1）人类有权在一种能够过着尊严和福利的生活的环境中，享有自由、平等和充足的生活条件的基本权利，并且负有保护和改善这一代和将来的世世代代的环境的庄严责任。在这方面，促进或维护种族隔离、种族分离与歧视、殖民主义和其他形式的压迫及外国统治的政策，应该受到谴责和必须消除。

（2）为了这一代和将来的世世代代的利益，地球上的自然资源，其中包括空气、水、土地、植物和动物，特别是自然生态类中具有代表性的标本，必须通过周密计划或适当管理加以保护。

（3）地球生产非常重要的再生资源的能力必须得到保持，而且在实际可能的情况下加以恢复或改善。

（4）人类负有特殊的责任保护和妥善管理由于各种不利的因素而现在受到严重危害的野生生物后嗣及其产地。因此，在计划发展经济时必须注意保护自然界，其中包括野生生物。

（5）在使用地球上不能再生的资源时，必须防范将来把它们耗尽的危险，并且必须确保整个人类能够分享从这样的使用中获得的好处。

（6）为了保证不使生态环境遭到严重的或不可挽回的损害，必须制止在排除有毒物质或其他物质以及散热时其数量或集中程度超过环境能使之无害的能力。应该支持各国人民反对污染的正义斗争。

（7）各国应该采取一切可能的步骤来防止海洋受到那些会对人类健康造成危害的、损害生物资源和破坏海洋生物舒适环境的或妨害对海洋进行其他合法利用的物质的污染。

（8）为了保证人类有一个良好的生活和工作环境，为了在地球上创造那些对改善生活质量所必要的条件,经济和社会发展是非常必要的。

(9)由于不发达和自然灾害的原因而导致环境破坏造成了严重的问题。克服这些问题的最好办法,是移用大量的财政和技术援助以支持发展中国家本国的努力,并且提供可能需要的及时援助,以加速发展工作。

(10)对于发展中的国家来说,由于必须考虑经济因素和生态进程,因此,使初级产品和原料有稳定的价格和适当的收入是必要的。

(11)所有国家的环境政策应该提高,而不应该损及发展中国家现有或将来的发展潜力,也不应该妨碍大家生活条件的改善。各国和各国际组织应该采取适当步骤,以便就应付因实施环境措施所可能引起的国内或国际的经济后果达成协议。

(12)应筹集资金来维护和改善环境,其中要照顾到发展中国家的情况和特殊性,照顾到他们由于在发展计划中列入环境保护项目而需要的任何费用,以及应他们的请求而供给额外的国际技术和财政援助的需要。

(13)为了实现更合理的资源管理从而改善环境,各国应该对他们的发展计划采取统一和协议的做法,以保证为了人民的利益,使发展保护和改善人类环境的需要相一致。

(14)合理的计划是协调发展的需要和保护与改善环境的需要相一致的。

(15)人的定居和城市化工作必须加以规划,以避免对环境的不良影响,并为大家取得社会、经济和环境三方面的最大利益。在这方面,必须停止为殖民主义和种族主义统治而制订的项目。

(16)在人口增长率或人口过分集中可能对环境或发展产生不良影响的地区,或在人口密度过低可能妨碍人类环境改善和阻碍发展的地区,都应采取不损害基本人权和有关政府认为适当的人口政策。

(17)必须委托适当的国家机关对国家的环境资源进行规划、管理或监督,以期提高环境质量。

(18)为了人类的共同利益,必须应用科学和技术以鉴定、避免和控制环境恶化并解决环境问题,从而促进经济和社会发展。

（19）为了更广泛地扩大个人、企业和基层社会在保护和改善人类各种环境方面提出开明舆论和采取负责行为的基础，必须对年轻一代和成人进行环境问题的教育，同时应该考虑到对不能享受正当权益的人进行这方面的教育。

（20）必须促进各国,特别是发展中国家的国内和国际范围内从事有关环境问题的科学研究及其发展。在这方面,必须支持和促使最新科学情报和经验的自由交流以便解决环境问题;应该使发展中的国家得到环境工艺,其条件是鼓励这种工艺的广泛传播,而不成为发展中的国家的经济负担。

（21）按照联合国宪章和国际法原则,各国有按自己的环境政策开发自己资源的主权;并且有责任保证在他们管辖或控制之内的活动,不致损害其他国家的或在国家管辖范围以外地区的环境。

（22）各国应进行合作,以进一步发展有关他们管辖或控制之内的活动对他们管辖以外的环境造成的污染和其他环境损害的受害者承担责任赔偿问题的国际法。

（23）在不损害国际大家庭可能达成的规定和不损害必须由一个国家决定的标准的情况下,必须考虑各国的现行价值制度和考虑对最先进的国家有效,但是对发展中国家不适合和具有不值得的社会代价的标准可行程度。

（24）有关保护和改善环境的国际问题应当由所有的国家,不论其大小,在平等的基础上本着合作精神来加以处理,必须通过多边或双边的安排或其他合适途径的合作,在正当地考虑所有国家的主权和利益的情况下,防止、消灭或减少和有效地控制各方面的行动所造成的对环境的有害影响。

（25）各国应保证国际组织在保护和改善环境方面起协调的、有效的和能动的作用。

（26）人类及其环境必须免受核武器和其他一切大规模毁灭性手段的影响。各国必须努力在有关的国际机构内就消除和彻底销毁这种武器迅速达成协议。

选自万以诚、万岈选编：《新文明的路标——人类绿色运动史上的经典文献》，吉林人民出版社，2000年，第1~7页。

3.《我们共同的未来》（1987年）（节选）

20世纪中叶，我们从太空第一次看到了地球。历史学家最终可能会发现，这一事件对思想的影响可能比16世纪哥白尼革命还要巨大。哥白尼革命揭示了地球不是宇宙的中心，从而改变了人类自我的形象，从太空中，我们看到了一个小而脆弱的圆球，显眼的不是人类活动和高楼大厦，而是一幅由云彩、海洋、绿色和土壤组成的图案。人类不能使其活动与这幅图案相适应，这正从根本上改变着地球系统。许多这样的变化是伴随着威胁生命的公害出现的，这是我们不可回避的新的现实，我们必须承认这个现实，而且将它管理好。

幸运的是，这一新的现实同本世纪新出现的更加积极的发展是同时出现的。我们可以比以往任何时候都更快地将信息和物资送到全球；我们可以用较少的财力和物力的投资生产出更多的粮食和商品。我们的科学技术至少向我们提供了更深刻和更好地认识自然系统的潜力。从宇宙中，我们可以将地球作为一个有机体加以认识和研究，它的健康取决于它的各组成部分的健康。我们有力量使人类事务同自然规律相协调，并在此过程中繁荣昌盛。我们的文化和精神遗产可以加强我们的经济利益和生存的必要条件。

本委员会相信：人民有能力建设一个更加繁荣、更加正义和更加安全的未来。我们的报告——《我们共同的未来》不是对一个污染日益严重、资源日益减少的世界的环境恶化、贫困和艰难不断加剧状况的预测；相反，我们看到了出现一个经济发展的新时代的可能性，这一新时代必须立足于使环境资源库得以持续和发展的政策。我们认为，这种发展对于摆脱发展中世界许多国家正在日益加深的巨大贫困是完全不可缺少的。

但是，委员会对未来的希望取决于现在就开始管理环境资源，以保证可持续的人类进步和人类生存的决定性的政治行动。我们不是在预测未来，我们是在发布警告——一个立足于最新和最好科学证据的紧急警告：现在是采取保证使今世和后代得以持续生存的决策的时候了。我们没有提出一些行动的详细蓝图，而是指出一条道路，根据这条道路，世界人民可以扩大他们合作的领域。

……

到本世纪末下世纪初，世界上将有近1/2的人口居住在城市地区——从小城镇到大城市。随着交通、生产和贸易网络的相互重叠，世界经济系统越来越成为一个城市化系统。随着信息、能源、资金、商业和人口的流动，这个系统提供了国家发展的支柱。一个城市或市镇的发展前景关键取决于它在国内或国际性的城市系统中所处的地位。同样，为城市系统提供农业、林业、矿业等资源的边远地区的发展前景，也取决于它在城市系统中的地位。

在许多国家，某些工业和服务行业正在乡村地区发展。尽管处于乡村地区，它们仍具有高质量的基础设施，并能得到良好的服务。它们具有先进的电信系统，保证了它们的活动成为全国乃至全球城市工业系统的一个组成部分。其结果是这些乡村正在开始城市化。

在发展中国家没有几个城市的政府有能力、资金和受过培训的人员为迅速增长的人提供人们基本生活所需要的土地、服务和设施：清洁用水、环境卫生、学校教育和交通运输。其结果是设施原始、日益拥挤和环境不良造成疾病蔓延的不合法居民区比比皆是。

……

在大多数第三世界城市，住房和服务业的巨大压力已经损害了城市的结构。多数穷人的住房破旧不堪，民用建筑往往处于失修和被进一步损坏的状态，城市的基础设施也是如此。公共交通系统过分拥挤和过度使用，公路、汽车、火车、车站、公共厕所和汽车清洁站也是如此。给水系统渗漏,由此而导致的水压降低使污水渗入饮用水。城市居民中很大部分常常没有自来水系统、暴雨排水系统或道路系统。

越来越多的城市贫民承受着疾病的折磨,其中大多数是环境因素造成的:这种情况只需较少的投资就可以避免或大幅度减少。急性呼吸道疾病、结核病、肠道寄生虫,以及恶劣的环境和饮用水污染所造成的疾病(腹泻、痢疾、肝炎和伤寒)通常是传染性的,它们是死亡的主要原因之一,儿童尤其如此。在许多城市中,贫穷的人民面临的是他们的孩子在5岁之前4个中就有1个死于严重的营养不良,两个成人中就有一个患有肠道寄生虫病或严重的呼吸道传染病。

在第三世界的城市中,由于工业发展水平较低,人们可能会以为那里的空气污染和水污染问题不严重。但事实上,千百个第三世界城市都具有高密度的工业。空气、水、噪音和固体废物污染问题正在迅速增加,并且已经给城市居民的生活和健康,以及他们的经济和工作造成了巨大的影响。在较小的城市里,即使仅有一两个工厂向附近唯一的河流倾倒废物,也会污染人们的饮用、洗刷和炊事用水。许多贫民窟拥挤在无人愿意居住的有毒工业附近,加剧了贫民所面临的危险。事实上,最近发生的各种工业事故,已经给这些贫民的生命财产造成了巨大损失。

失去控制的城市膨胀对市区环境和经济造成了严重的影响。没有控制的发展,使得住房、道路、给水、排水和公共服务的费用高得难以承受。城市常常是建在最肥沃的农田上,没有控制的城市发展导致这些农田的不必要损失。这种损失对于像埃及这种只有有限的可耕种土地的国家来说是非常严重的。任意的发展还会消耗市内公园和娱乐场所必需的土地和城市的自然景色。一旦在上面建造了建筑物,再想重新开辟这块土地将是非常困难和昂贵的。

通常,在能支持住房和基础设施建设以及就业的牢固的经济基础建立之前,城市膨胀却已先出现了。在许多地方,上述问题与不恰当的工业发展方式以及农业同城市发展战略之间缺乏协调有关。国家经济和世界经济之间的联系，已在本报告的第一篇中讨论过。本世纪80年代发生的世界经济危机不仅减少了经济收入、就业机会和许多社会发展项目，而且使人们更加不重视原来就不重视的城市问题，使用于建设、维护和管理城市的资金更加短缺。

……

生态系统与经济利益相互依存的现实对国家主权的传统形式提出了日益严峻的挑战。这种相互依存的关系在共同的生态系统和不属于任何国家管辖的全球性的公共区域内表现得最为突出。只有为了共同的利益，对公共资源的调查，开发和管理进行国际合作和达成协议，可持续发展才能实现。但生命攸关的不仅仅是共同的生态系统和公共领域的可持续发展，而且还有世界各国的可持续发展，它们的发展程度不同地取决于其合理管理的程度。

出于同样原因，如果没有各国对于全球公共领域的权利和义务的协商一致的、公正的和可行的国际准则，那么，随着时间的推移，人类对有限资源需求造成的压力将破坏生态系统的完整性，人类的后代将陷入贫困。而受害最严重的是那些最无能力要求获得那些人人均有权获取的免费资源的穷国的人民。

由于各公共领域（海洋、外层空间和南极洲等）的公共性质，对它们的管理程度差异很大。《国际海洋法》是国际社会迄今制定的关于海洋和海床的最有雄心的和最先进的国际公约之一，而少数几个国家迄今仍反对遵守多边管理制度，该制度曾是旷日持久的全球谈判的题目，这妨碍了某些关键条款的实行。现在在各大洋上都划出了许多边界，把公海与各国的专属经济区划分开来，但是由于公海和各国要求的经济区是一个相互连接的生态和经济系统，一方的健康与否与另一方密切相关，因此我们在这一章里将对它们都进行讨论。外层空间，人类最少涉足的领域，关于在那里进行联合管理的讨论才刚刚开始。一个具有约束力的条约已在南极洲实施了1/4世纪以上。许多不是该条约缔约国的国家认为对这一全球公共领域的一部分的管理,有着它们的权利所赋予它们的利害关系。

……

在所有威胁人类环境的危险因素中,核战争的可能性或规模小于核战争但使用大规模毁灭性武器的军事冲突,无疑是最严重的。和平和安全问题的某些方面与可持续发展的概念是直接有关的。实际上,它们是可持续发展的核心。

环境压力既是政治紧张局势和武装冲突的起因,也是它们的结果。国家间常常为争夺原材料、能源、土地、河流流域、海上航道和其他重要的环境资源的控制权而发生武装冲突。随着资源的减少和竞争的加剧,这种冲突也可能加剧。

武装冲突中,热核战争对环境的破坏将是最严重的。但是,常规武器、生物武器和化学武器以及伴随着战争和难民的大规模迁移而出现的经济生产的停顿和社会组织的瘫痪,对环境同样起着破坏作用。甚至在战争得到防止以及冲突得到控制的地方,一个"和平"国家仍会把大量的资金用于军备生产。而这些资金,至少一部分本来可用于促进可持续发展。

许多因素影响环境压力、贫穷和安全之间的关系,如不适当地发展政策、国际经济的不利趋势、多种族多民族社会的不平等以及人口增长所带来的压力等。环境、发展和冲突之间的联系是复杂的,在许多情况下,人们了解甚少。但是,实现国际和国家安全的综合方法应该摒弃武力和军备竞赛的传统做法。不安全的实际原因中,还包括不能持续发展这一因素,它的结果与传统的各种冲突交织在一起,使冲突扩大并加剧。

环境压力很少是导致国家内部和国家之间重大冲突的唯一根源。然而,它们能起因于部分人生活的走投无路以及由此引起的暴力。当政治手段不能控制环境压力(例如水土侵蚀和沙漠化)产生的影响时,这种情况就会出现。因此,环境压力是冲突的所有起因中的一个重要部分,在某些情况下,它可以是催化剂。

贫穷、不公正、环境退化和冲突以一种复杂和密切相关的方式相互作用。一个引起国际社会日益关注的现象是"环境难民"。引起大规模难民迁移的直接原因，可能表现为政治动乱和军事冲突，但是潜在的因素往往包括自然资源基地的恶化及其维持人类生存能力的下降。

......

从本报告可以明显地看出，向可持续发展转变将需要一系列公共政策的选择，这些选择历来是复杂的，而且在政治上是困难的。扭转国家和国际的非持续发展政策将需要付出巨大的努力，让公众了解情况，并获得其支持。科学界、私人和公众组织以及非政府组织能在这方面起核心作用。

增强科学界和非政府组织的作用

自环境运动开始以来，科学团体和非政府组织在青年人的帮助下一直发挥着重要的作用。科学家们首先指出了由于人类活动日益加剧而造成的明显的环境危险和变化的证据。其他非政府组织和公民团体，在提高公众环境意识和施加政治压力以促进政府采取行动方面起过先锋作用。科学界和非政府组织，在"斯德哥尔摩联合国人类环境会议"上起过极其重要作用。

自斯德哥尔摩会议以来，这些团体在识别危险、评价环境影响、制定与实施处理这些问题的措施，以及在维持作为行动基础所需的高度的公众与政界的兴趣方面，也一直发挥着不可缺少的作用。今天，重要的国家《环境状况》报告是由某些非政府组织出版的（如马来西亚、印度和美国）。若干国际性的非政府组织对全球环境和自然资源库的状况和远景撰写出了很有意义的报告。

这些团体的绝大多数就其性质而言是国家性的或地区性的。要成功地向可持续发展过渡，需要切实加强它们的能力。国家非政府组织越来越从同其他国家相应组织的交往中，以及从参与国际性项目的磋商中吸取力量。发展中国家的非政府组织尤其需要国际支持，包括职业、道义上以及财政上的支持，以便有效地发挥其作用。

现在存在着许多国际性团体和非政府组织的联合会,它们十分活跃。它们在保证国家的非政府组织与科学团体在获得其所需的支持方面起着重要的作用。这些组织包括一些地区性的团体,把亚洲、非洲、东西欧和南北美洲等地从事环境与发展的非政府组织联系在一起, 也包括许多从事一些紧迫问题,如杀虫剂、化学品、雨水、种子、遗传资源,以及开发援助等方面的地区性和全球性的联合会。

仅有少数国际性非政府组织广泛地从事环境与发展两方面的工作。然而,这种情况正在急剧变化。其中之一为国际环境与发展研究所,该所长期以来从事这些问题的专门研究。而且首先提出了环境与发展关系的基本概念。大多数的国际性非政府组织能与发展中国家有关组织共同合作,提供支持,帮助它们参加国际活动,并与国际社会中相应的组织建立联系。它们还在其各自区域对各种组织起着领导并促进合作的作用。上述能力在将来会变得更为重要。没有它们,越来越多的环境与发展问题是难以得到解决的。

非政府组织应将继续其正在进行的将发展合作项目和规划连成网络的工作放在优先的地位,以改善非政府组织的双边和多边发展规划的实施。它们能够加强努力,去分享资源,交流技术,并通过在这一领域的更大的国际合作增强各自的能力。在做好它们自己工作的同时,“环境”非政府组织应协助“发展”非政府组织调整那些有害于环境的项目的方向,协助制定有助于可持续发展的项目。所取得的经验,将为同双边和多边机构协商提供有用的基础,作为这些机构可能采用的改进工作的步骤。

在许多国家, 政府必须承认并扩大非政府组织了解和取得环境和自然资源信息的权利、参与协商的权利,以及参与对环境可能有重大影响的活动决策的权利, 以及当它们的健康或者环境已经或可能严重地受到影响时取得法律赔偿和补救的权利。

非政府组织、私人和公众团体,在规划和项目的贯彻方面,往往能有效地代替政府机构,它们有时能同有关的人群直接联系,而这是政府机构不能办到的。双边和多边发展援助机构,特别是联合国开发计划署和世界银行,在执行计划和项目的工作中,应该吸收非政府组织参加。在国家一级,各政府、各基金会和工业界,在计划、监测、评价、实行项目的时候,也应大大地扩大同非政府组织的合作,只要它们能有效益地提供必需的能力。为此目的,各国政府应建立或加强与非政府组织正式协商以及使其更实质性地参加所有有关的政府间组织的活动的制度。

应大大增加对国际性的非政府组织的财政支持,以扩大其作为世界公众的代表和在支持国家的非政府组织中所起的特殊作用和职能。委员会认为,这种支持的增加,将使这些组织得以扩大它们的服务,这是一种必不可少的和富有成效的投资。委员会建议各政府、各基金会、其他私人和公共投资机构要将这些组织放在优先的地位。

增加与工业界的合作

工业界处在人类与环境界面的前沿。它可能是从正反两面影响发展的环境资源基础的变化的主要工具。因此,工业界与政府双方更密切地一起工作,一定会得到好处。

通过有关工业活动的环境、自然资源、科学和技术方面的非正式的指南,世界工业界已经采取了某些有重大意义的步骤。虽然这些指南很少被扩展或被应用到非洲、亚洲或拉丁美洲地区,但工业界正继续通过各种国际协会来解决这些问题。

1984年世界工业环境管理会议大大地推动了这方面的工作。作为该会的后继行动,最近,一些发达国家的几个主要大公司组成了国际环境局,以帮助发展中国家的环境与发展工作。这样的首创是有前途的,应予鼓励。如果政府与工业界为可持续发展建立联合的咨询理事会,进行互相忠告,互相协助,以及在帮助制定和执行更好的可持续发展形式的政策、法律、规定方面合作,它它之间的合作会得到进一步的推进。从国际上讲,各国政府与工业界和非政府组织的合作,应通过适当的区域性组织制定可持续发展的基本法规,要采纳和扩大现有的有关非正式法规,特别是在非洲、亚洲和拉丁美洲。

私人部门通过国内外的商业银行贷款，对发展也有重大的影响。例如1983年，发展中国家从私人金融机构取得的资金（大多数是商业银行贷款形式），比当年官方发展援助要大。自1983年以来，因为债务形势恶化，商业银行给发展中国家的贷款减少了。

促进私人投资的工作正在努力进行，应使这些努力支持可持续发展。进行这类投资和从事出口信贷、投资保险以及其他支持项目的工业与金融公司，一定要把可持续发展的准则纳入它们的政策之中。

提供法律手段

国家和国际的法律往往落后于事态的发展。今天，步伐迅速加快和范围日益扩大的对发展的环境基础的影响，将法律制度远远地抛在后面。人类的法律必须重新制定，以使人类的活动与自然界的永恒的普遍规律相协调。迫切需要的是：

认识和尊重个人和国家在可持续发展方面的相应权利和义务；

建立和实施国家和国家间实现可持续发展的新的行为准则；

加强现有的避免和解决环境纠纷的方法，并发展新的方法。

承认权利和义务

1972年，斯德哥尔摩宣言第一条原则说："人类具有在一个有尊严和幸福生活的环境里，对自由、平等和充足的生活条件的基本权利。"宣言进一步宣称：各国政府对保护和改善现代人和后代人的环境具有庄严的责任。在斯德哥尔摩会议之后，若干国家在它们的宪法或法律中承认了人们对良好环境的权利，以及国家保护环境的义务。

各国承认它们有责任为现代人和后代人保证一种良好的环境。这是走向可持续发展的重要的一步。然而，承认人们的某些权利，将可以同样促进可持续发展的进展。例如人们了解和取得关于环境和自然资源现状的资料的权利；与他们协商并让他们参与决定可能对环境有重大影响的行动的权利；以及当他们的健康和环境已经或可能严重地受影响时，有法律赔偿和恢复的权利。

享受任何权利需要尊重他人同样的权利，并承认相互甚至共同的责任。各国对其公民和其他国家有下列责任：

维护生态系统和维护对生物圈功能所必不可少的有关生态过程；

通过保证各种动植物物种的生存并促进对它们在其自然环境中的保护，维持生物的多样性；

在开发生物资源和生态系统中，遵守最佳可持续产量的原则；

防止或治理严重的环境污染和危害；

建立适当的环境保护标准；

进行或要求进行环境影响预评价，以保证重要的新政策、新项目和新技术有利于促进可持续发展；

立刻公布所有有关有害或潜在有害的污染物质排放的情况，尤其是放射性物质排放情况。

建议各国政府采取适当的步骤，承认这些互惠的权利和义务。但是，由于各国法律制度和实践的很大不同，不可能提出一个在任何地方都有效的方法。某些国家已经修改了它们的基本法或者宪法，其他国家正在考虑制定专门的国家法或规章，规定公民与国家对环境保护和可持续发展的权利和义务。还有一些国家也许愿意考虑指定一个全国委员会，或公共代表，或专职人员，代表现代人和后代人的利益和权利，并且充当环境的监督者，当出现任何威胁的时候，向政府和公民发出警告。

选自世界环境与发展委员会：《我们共同的未来》，王之佳等译，吉林人民出版社，1997年，第1页、第305页、第310~314页、第341~342页、第380~381页、第426~433页。

4.《联合国气候变化框架公约》(1992年)(节选)

承认地球气候的变化及其不利影响是人类共同关心的问题，感到忧虑的是，人类活动已大幅增加大气中温室气体的浓度，这种增加增强了自然温室效应，平均而言将引起地球表面和大气进一步增温，并可能对自然生态系统和人类产生不利影响，注意到历史上和目前全球温室气体排放的最大部分源自发达国家；发展中国家的人均排放仍相对较低；发展中国家在全球排放中所占的份额将会增加，以满足其社会和发展需要，意识到陆地和海洋生态系统中温室气体汇和库的作用和重要性，注意到在气候变化的预测中，特别是在其时间、幅度和区域格局方面，有许多不确定性，承认气候变化的全球性，要求所有国家根据其共同但有区别的责任和各自的能力及其社会和经济条件，尽可能开展最广泛的合作，并参与有效和适当的国际应对行动。

回顾1972年6月16日于斯德哥尔摩通过的《联合国人类环境会议宣言》的有关规定，又回顾各国根据《联合国宪章》和国际法原则，拥有主权权利按自己的环境和发展政策开发自己的资源，也有责任确保在其管辖或控制范围内的活动不对其他国家的环境或国家管辖范围以外地区的环境造成损害，重申在应付气候变化的国际合作中的国家主权原则，认识到各国应当制定有效的立法；各种环境方面的标准、管理目标和优先顺序应当反映其所适用的环境和发展方面情况；并且有些国家所实行的标准对其他国家特别是发展中国家可能是不恰当的，并可能会使之承担不应有的经济和社会代价。

回顾联合国大会关于联合国环境与发展会议的1989年12月22日第

44/228号决议的决定,以及关于为人类当代和后代保护全球气候的1988年12月6日第43/53号、1989年12月22日第44/207号、1990年12月21日第45/212号和1991年12月19日第46/169号决议,又回顾联合国大会关于海平面上升对岛屿和沿海地区特别是低洼沿海地区可能产生的不利影响的1989年12月22日第44/206号决议各项规定,以及联合国大会关于防治沙漠化行动计划实施情况的1989年12月19日第44/172号决议的有关规定,并回顾1985年《保护臭氧层维也纳公约》和于1990年6月29日调整和修正的1987年《关于消耗臭氧层物质的蒙特利尔议定书》,注意到1990年11月7日通过的第二次世界气候大会部长宣言,意识到许多国家就气候变化所进行的有价值的分析工作,以及世界气象组织、联合国环境规划署和联合国系统的其他机关、组织和机构及其他国际和政府间机构对交换科学研究成果和协调研究工作所做的重要贡献。

认识到了解和应付气候变化所需的步骤只有基于有关的科学、技术和经济方面的考虑,并根据这些领域的新发现不断加以重新评价,才能在环境、社会和经济方面最为有效,认识到应付气候变化的各种行动本身在经济上就能够是合理的,而且还能有助于解决其他环境问题,又认识到发达国家有必要根据明确的优先顺序,立即灵活地采取行动,以作为形成考虑到所有温室气体并适当考虑它们对增强温室效应的相对作用的全球、国家和可能议定的区域性综合应对战略的第一步,并认识到地势低洼国家和其他小岛屿国家、拥有低洼沿海地区、干旱和半干旱地区或易受水灾、旱灾和沙漠化影响地区的国家以及具有脆弱的山区生态系统的发展中国家特别容易受到气候变化的不利影响,认识到其经济特别依赖于矿物燃料的生产、使用和出口的国家特别是发展中国家由于为了限制温室气体排放而采取的行动所面临的特殊困难,申明应当以统筹兼顾的方式把应付气候变化的行动与社会和经济发展协调起来,以免后者受到不利影响,同时充分考虑到发展中国家实现持续经济增长和消除贫困的正当的优先需要,认识到所有国家特别是发展中国家需要得到实现可持续的社会和经济发展所需的资源;发展中国家为了迈向这一目标,其能源消耗将需要增加,虽然考虑到有可能包括通过在具有经济和社会效益的条件下应用新技术来提高能源效率和一般地控制温室气体排放,决心为当代和后代保护气候系统,兹协议如下:

第一条　定义

为本公约的目的:

(1)"气候变化的不利影响"指气候变化所造成的自然环境或生物区系的变化,这些变化对自然的和管理下的生态系统的组成、复原力或生产力、或对社会经济系统的运作、或对人类的健康和福利产生重大的有害影响。

(2)"气候变化"指除在类似时期内所观测的气候的自然变异之外,由于直接或间接的人类活动改变了地球大气的组成而造成的气候变化。

(3)"气候系统"指大气圈、水圈、生物圈和地圈的整体及其相互作用。

(4)"排放"指温室气候和/或其前体在一个特定地区和时期内向大气的释放。

(5)"温室气体"指大气中那些吸收和重新放出红外辐射的自然的和人为的气态成分。

(6)"区域经济一体化组织"指一个特定区域的主权国家组成的组织,有权处理本公约或其议定书所规定的事项,并经按其内部程序获得正式授权签署、批准、接受、核准或加入有关文书。

(7)"库"指气候系统内存储温室气体或其前体的一个或多个组成部分。

(8)"汇"指从大气中清除温室气体、气溶胶或温室气体前体的任何过程、活动或机制。

(9)"源"指向大气排放温室气体、气溶胶或温室气体前体的任何过程或活动。

第二条　目标

本公约以及缔约方会议可能通过的任何相关法律文书的最终目标是:根据本公约的各项有关规定,将大气中温室气体的浓度稳定在防止气候系统受到危险的人为干扰的水平上。这一水平应当在足以使生态系统能够自然地适应气候变化、确保粮食生产免受威胁并使经济发展能够可持续地进行的时间范围内实现。

第三条　原则

各缔约方在为实现本公约的目标和履行其各项规定而采取行动时,除其他外,应以下列作为指导:

(1)各缔约方应当在公平的基础上,并根据它们共同但有区别的责任和各自的能力,为人类当代和后代的利益保护气候系统。因此,发达国家缔约方应当率先对付气候变化及其不利影响。

(2)应当充分考虑到发展中国家缔约方尤其是特别易受气候变化不利影响的那些发展中国家缔约方的具体需要和特殊情况,也应当充分考虑到那些按本公约必须承担不成比例或不正常负担的缔约方特别是发展中国家缔约方的具体需要和特殊情况。

(3)各缔约方应当采取预防措施,预测、防止或尽量减少引起气候变化的原因并缓解其不利影响。当存在造成严重或不可逆转的损害的威胁时,不应当以科学上没有完全的确定性为理由推迟采取这类措施,同时考虑到应付气候变化的政策和措施应当讲求成本效益,确保以尽可能最低的费用获得全球效益。为此,这种政策和措施应当考虑到不同的社会经济情况,并且应当具有全面性,包括所有有关的温室气体源、汇和库及适应措施,并涵盖所有经济部门。应付气候变化的努力可由有关的缔约方合作进行。

(4)各缔约方有权并且应当促进可持续的发展。保护气候系统免遭人为变化的政策和措施应当适合每个缔约方的具体情况,并应当结合到国家的发展计划中去,同时考虑到经济发展对于采取措施应付气候变化是至关重要的。

(5)各缔约方应当合作促进有利的和开放的国际经济体系,这种体系将促成所有缔约方特别是发展中国家缔约方的可持续经济增长和发展,从而使它们有能力更好地应付气候变化的问题。为对付气候变化而采取的措施,包括单方面措施,不应当成为国际贸易上的任意或无理的歧视手段或者隐蔽的限制。

选自万以诚、万岍选编:《新文明的路标——人类绿色运动史上的经典文献》,吉林人民出版社,2000年,第251~262页。

5.《联合国环境与发展宣言》(1992年)

联合国环境与发展会议于1992年6月3日至14日在里约热内卢召开,重申了1972年6月16日在斯德哥尔摩通过的联合国人类环境会议的宣言,并谋求以之为基础。

目标是通过在国家、社会重要部门和人民之间建立新水平的合作来建立一种新的和公平的全球伙伴关系,为签订尊重大家的利益和维护全球环境与发展体系完整的国际协定而努力,认识到我们的家园地球的大自然的完整性和互相依存性,谨宣告:

原则一:人类处在关注持续发展的中心。他们有权同大自然协调一致,从事健康的、创造财富的生活。

原则二:各国根据《联合国宪章》和国际法原则,有至高无上的权利按照它们自己的环境和发展政策开发它们自己的资源,并有责任保证在它们管辖或控制范围内的活动不对其他国家或不在其管辖范围内的地区的环境造成危害。

原则三:必须履行发展的权利,以便公正合理地满足当代和世世代代的发展与环境需要。

原则四:为了达到持续发展,环境保护应成为发展进程中的一个组成部分,不能同发展进程孤立开看待。

原则五:各国和各国人民应该在消除贫穷这个基本任务方面进行合作,这是持续发展必不可少的条件,目的是缩小生活水平的悬殊和更好地满足世界上大多数人的需要。

原则六：发展中国家，尤其是最不发达国家和那些环境最易受到损害的国家的特殊情况和需要，应给予特别优先考虑。在环境和发展领域采取的国际行动也应符合各国的利益和需要。

原则七：各国应本着全球伙伴关系的精神进行合作，以维持、保护和恢复地球生态系统的健康和完整。鉴于造成全球环境退化的原因不同，各国负有程度不同的共同责任。发达国家承认，鉴于其社会对全球环境造成的压力和它们掌握的技术和资金，它们在国际寻求持续发展的进程中承担着责任。

原则八：为了实现持续发展和提高所有人的生活质量，各国应减少和消除不能持续的生产和消费模式和倡导适当的人口政策。

原则九：各国应进行合作，通过科技知识交流提高科学认识和加强包括新技术和革新技术在内的技术的开发、适应、推广和转让，从而加强为持续发展形成的内生能力。

原则十：环境问题最好在所有有关公民在有关一级的参加下加以处理。在国家一级，每个人应有适当的途径获得有关公共机构掌握的环境问题的信息，其中包括关于他们的社区内有害物质和活动的信息，而且每个人应有机会参加决策过程。各国应广泛地提供信息，从而促进和鼓励公众的了解和参与。应提供采用司法和行政程序的有效途径，其中包括赔偿和补救措施。

原则十一：各国应制订有效的环境立法。环境标准、管理目标和重点应反映它们所应用到的环境和发展范围。某些国家应用的标准也许对其他国家，尤其是发展中国家不合适，对它们造成不必要的经济和社会损失。

原则十二：各国应进行合作以促进一个支持性的和开放的国际经济体系，这个体系将导致所有国家的经济增长和持续发展，更好地处理环境退化的问题。为环境目的采取的贸易政策措施不应成为一种任意的或不合理的歧视的手段，或成为一种对国际贸易的社会科学限制。应避免采取单方面行动去处理进口国管辖范围以外的环境挑战。处理跨国界的或全球的环境问题的环境措施，应该尽可能建立在国际一致的基础上。

原则十三：各国应制订有关对污染的受害者和其他环境损害负责和赔偿的国家法律。各国还应以一种迅速的和更果断的方式进行合作，以进一步制订有关对在它们管辖或控制范围之内的活动对它们管辖范围之外的地区造成的环境损害带来的不利影响负责和赔偿的国际法。

原则十四：各国应有效地进行合作，以阻止或防止把任何会造成严重环境退化或查明对人健康有害的活动和物质迁移和转移到其他国家去。

原则十五：为了保护环境，各国应根据它们的能力广泛采取预防性措施。凡有可能造成严重的或不可挽回的损害的地方，不能把缺乏充分的科学肯定性作为推迟采取防止环境退化的费用低廉的措施的理由。

原则十六：国家当局考虑到造成污染者在原则上应承担污染的费用并适当考虑公共利益而不打乱国际贸易和投资的方针，应努力倡导环境费用内在化和使用经济手段。

原则十七：应对可能会对环境产生重大不利影响的活动和要由一个有关国家机构作决定的活动作环境影响评估，作为一个国家手段。

原则十八：各国应把任何可能对其他国家的环境突然产生有害影响的自然灾害或其他意外事件立即通知那些国家。国际社会应尽一切努力帮助受害的国家。

原则十九：各国应事先和及时地向可能受影响的国家提供关于可能会产生重大的跨边界有害环境影响的活动的通知和信息，并在初期真诚地与那些国家磋商。

原则二十：妇女在环境管理和发展中起着极其重要的作用。因此，她们充分参加这项工作对取得持续发展极其重要。

原则二十一：应调动全世界青年人的创造性、理想和勇气，形成一种全球的伙伴关系，以便取得持续发展和保证人人有一个更美好的未来。

原则二十二：本地人和他们的社团及其他地方社团，由于他们的知识和传统习惯，在环境管理和发展中也起着极其重要的作用。各国应承认并适当地支持他们的特性、文化和利益，并使他们能有效地参加实现持续发展的活动。

原则二十三：应保护处在压迫、统治和占领下的人民的环境和自然资源。

原则二十四：战争本来就是破坏持续发展的。因此各国应遵守规定在武装冲突时期保护环境的国际法，并为在必要对进一步制订国际法而进行合作。

原则二十五：和平、发展和环境保护是相互依存的和不可分割的。

原则二十六：各国应根据联合国宪章通过适当的办法和平地解决它们所有的环境争端。

原则二十七：各国和人民应真诚地本着伙伴关系的精神进行合作，贯彻执行本宣言中所体现的原则，进一步制订持续发展领域内的国际法。

选自万以诚、万岍选编：《新文明的路标——人类绿色运动史上的经典文献》，吉林人民出版社，2000年，第38~42页。

6.《约翰内斯堡可持续发展宣言》(2002年)

从人类的发源地走向未来

（1）我们，世界各国人民的代表，于2002年9 月2 日至4 日在南非约翰内斯堡的可持续发展问题世界首脑会议上聚集一堂，重申我们对可持续发展的承诺。

（2）我们承诺建立一个崇尚人性、公平和相互关怀的全球社会，这个社会认识到人人都必须享有人的尊严。

（3）在首脑会议开幕时，全世界的儿童用简单而明确的声音告诉我们，未来属于他们。这些话语激励我们每一个人一定要通过我们的行动，使儿童继承一个美好的世界，在这个世界里不会因为贫穷、环境恶化和不可持续的发展格局，而使人的尊严受到伤害、行为有失体统。

（4）儿童代表了我们共同的未来。我们来自世界各个角落，了解各种不同人生经历的所有人必须团结起来，我们迫切需要有一种强烈的使命感，促使我们创造一个充满希望、更加光明的崭新世界，这是我们对子孙的部分答复。

（5）为此，我们担负起一项共同的责任，即在地方、国家、区域和全球各级促进和加强经济发展、社会发展和环境保护这几个相互依存、相互增强的可持续发展支柱。

（6）我们在人类的摇篮非洲大陆宣布，我们通过《可持续发展问题世界首脑会议执行计划》和本《宣言》彼此承担责任、并对更大的人生大家庭及子孙后代负有责任。

（7）我们认识到人类正处于十字路口。我们因共同的决心而团结在一起，坚定不移地积极响应需要，以制定一项消除贫穷和人类发展的切实可行的计划。

从斯德哥尔摩到里约热内卢和约翰内斯堡

（8）30年前在斯德哥尔摩，我们认定迫切需要应付环境恶化问题。10年前在里约热内卢举行的联合国环境与发展问题会议上，我们认为环境保护和社会及经济发展是按照里约原则推动可持续发展的基石。为了实现可持续发展，我们通过了题为《21世纪议程》的全球性方案和《关于环境与发展的里约宣言》，对此，我们再次表示我们的承诺。里约会议是一个重大里程碑，它提出了可持续发展的新议程。

（9）从里约到约翰内斯堡之间的这段时间内，世界各国在联合国主持下举行了若干次重要会议，其中包括发展筹资问题国际会议和多哈部长级会议。这些会议为世界勾画了人类未来的广阔前景。

（10）在约翰内斯堡首脑会议期间，我们在将世界各国人民聚集起来和综合各种不同意见，以积极寻求一条共同道路方面取得了重大进展，这条共同道路就是创造一个尊重和推行可持续发展远景的世界。约翰内斯堡首脑会议还证实，在使我们星球上的人民达成全球共识和建立伙伴关系方面也取得了重大进展。

我们面临的挑战

（11）我们确认，消除贫穷、改变消费和生产格局、保护和管理自然资源基础以促进经济和社会发展，是压倒一切的可持续发展目标和根本要求。

（12）在人类社会铸起穷富不可跨越的鸿沟以及发达国家与发展中国家之间的差距日益扩大，对全球的繁荣、安全和稳定构成了重大威胁。

（13）全球环境继续遭殃。生物多样性仍在丧失；鱼类继续耗竭；荒漠化吞噬了更多的良田；气候变化已产生明显的不利影响；自然灾害更加频繁、毁灭性更大；发展中国家更易受害；空气、饮水和海洋污染继续毁灭了无数人安逸的生活。

（14）全球化为上述挑战增加了新的方面。在全世界范围内，市场迅速一体化、资本积极调动、投资流量大大增强，为促进可持续发展带来新挑战，创造新机会。但是，全球化产生的利益和付出的代价没有得到均衡分配，发展中国家在应付这一挑战方面遇到了特殊困难。

（15）我们担当着在全球范围铸造这种鸿沟的风险。如果我们不采取行动从根本上改变穷人的生活，全世界的穷人可能对他们的代表和我们坚持承诺的民主制度丧失信心，认为他们的代表人物不过是一些喜欢吹嘘的空谈家而已。

我们对可持续发展的承诺

（16）我们丰富的多样性是我们的共同实力，我们决心保证将它用来建立建设性伙伴关系，以促成变革和实现可持续发展的共同目标。

（17）我们欢迎约翰内斯堡首脑会议将重点集中于人的尊严的不可分割性。我们决心通过关于目标、时间表和伙伴关系的各项决定，加快步伐进一步满足享有清洁饮水、公共卫生、能源、保健、粮食安全和保护生物多样性等方面的基本要求。与此同时，我们将共同努力，彼此帮助，以获得财政资源、利用开放的市场、确保能力建设、使用现代技术实现发展，并确保为永远消除不发达状况，进行技术转让、人力资源开发、教育和培训。

（18）我们致力于确保将赋予妇女权力、妇女解放和两性平等融入《21世纪议程》《千年发展目标》和《首脑会议执行计划》所列的各项活动。

（19）我们承认，全球社会有办法也有资源去应付全人类在消除贫穷和可持续发展方面所面临的挑战。我们将共同采取进一步步骤，确保利用这些可得资源造福于人类。

(20)在这方面,为了促成实现我们的发展目标和指标,我们敦请尚未作出具体努力的发达国家作出努力,使官方发展援助达到国际商定的水平。

(21)为了促进区域合作、改进国际合作和推动可持续发展,我们欢迎和支持建立像非洲发展新伙伴这样的更强大的区域集团和联盟。

(22)我们将继续特别注意小岛屿发展中国家和最不发达国家的发展需要。

(23)我们确认,可持续发展需要具有长远观点,需要对各个级别的政策拟订、决策和实施过程广泛参与。作为社会伙伴,我们将继续努力与各主要集团建立稳定的伙伴关系,尊重每一个集团的独立性和重要作用。

(24)我们认为,私营部门,包括大小公司,在从事合法活动时,有义务为发展公平和可持续的社区和社会做出贡献。

(25)我们还同意为增加产生收入的就业机会提供协助,同时考虑到国际劳工组织《关于工作中的基本原则和权利宣言》。

(26)我们还认为,私营部门公司有必要加强公司问责制,这应当在一个透明和稳定的制度环境下执行。

(27)我们承诺加强和改善各级政府的管理工作,以有效执行《21世纪议程》《千年发展目标》和《首脑会议执行计划》。

多边主义是未来

(28)为实现我们的可持续发展目标,我们需要有更讲究实效、更加民主和更加负责的国际和多边机构。

(29)我们重申维护《联合国宪章》的原则和宗旨、国际法以及致力于加强多边主义。我们支持联合国发挥领导作用,它是世界上最具有普遍性和代表性的组织,是最能促进可持续发展的机构。

(30)我们还承诺定期监测在实现可持续发展目标方面所取得的进展。

力求实现目标

（31）我们一直认为，这必须是一个包容性的过程，应让参加约翰内斯堡历史性首脑会议的所有主要集团和政府都参加进来。

（32）我们承诺采取联合行动，为共同的决心团结起来，以拯救我们的地球、促进人类发展、实现普遍繁荣与和平。

（33）我们承诺执行《可持续发展问题世界首脑会议执行计划》及加速实现其中所列规定时限的社会经济和环境指标。

（34）我们在人类的摇篮非洲大陆，向全世界人民和向地球的当然继承人我们的子孙后代庄严宣誓，我们决心一定要实现可持续发展的共同希望。

选自国家环境保护总局国际合作司、国家环境保护总局政策研究中心编：《联合国环境与可持续发展：系列大会重要文件选编》，中国环境科学出版社，2004年，第1~5页。

7.《可持续发展北京宣言》(2008年)

2008年10月24日至25日，我们16个亚洲国家和27个欧盟国家的国家元首和政府首脑以及欧盟委员会主席和东盟秘书长在中国北京举行的第七届亚欧首脑会议上：

认识到当前全球人口不断增长与环境持续恶化、资源迅速枯竭及生态环境承载能力减弱的矛盾在许多国家和地区日益凸显，实现可持续发展是全人类共同面临的严峻挑战和重大紧迫任务；亚欧会议成员愿本着互利共赢的精神加强合作，为实现可持续发展做出积极贡献；

重申可持续发展关系人类的现在和未来，关系各国的生存与发展，关系世界的稳定与繁荣，各国在追求经济增长的同时应努力保持和改善环境质量，充分考虑子孙后代的需求；

认识到经济发展、社会进步和环境保护是可持续发展的三大支柱，三者相互依存、相辅相成，强调国际商定的发展目标，特别是联合国千年发展目标、应对气候变化和保证能源安全、社会和谐是实现可持续发展需特别关注的问题；

重申必须全面实施联合国环境与发展大会通过的《里约宣言》和《21世纪议程》、国际发展筹资大会确定的《蒙特雷共识》《联合国气候变化框架公约》第十三届缔约方大会通过的"巴厘路线图"以及可持续发展首脑会议通过的《约翰内斯堡实施计划》等一系列文件中确定的目标、原则和行动规划；

忆及第六届亚欧首脑会议将可持续发展，特别是千年发展目标、气候变化、环境和能源列为亚欧会议第二个十年优先合作领域。

决定发表以下宣言：

千年发展目标

我们重申联合国千年发展目标和约翰内斯堡目标是国际可持续发展合作的基础，欢迎亚欧会议成员为实现联合国千年发展目标和其他国际商定的发展目标所做努力，认识到全球如期实现目标所面临的严峻挑战。

我们对粮价飙升加大全球减贫压力，阻碍消灭极端贫穷和饥饿的步伐表示关切。我们呼吁从短期及中长期出发，采取充分协调和综合的策略，并通过务实合作稳定国际商品市场解决这一问题。我们呼吁加强发展合作，从而促进农业生产、贸易便利化和技术转让。我们呼吁各方提高可持续农业生产力和粮食生产，减少扭曲市场的农业补贴，加大对农业和农村发展投入，为低收入者创造更多就业机会，提高其收入水平，从而有效减少饥饿和贫困问题，确保粮食安全。

我们认识到，实现国际商定的发展目标，特别是联合国千年发展目标任重道远。我们欢迎联合国9月举行的千年发展目标高级别会议所进行的实质性讨论和达成的共识，呼吁各成员显示更强政治意愿，采取行动，切实兑现对目标的承诺，推动千年发展目标在全球范围内如期实现。

我们重申对建立真正意义上的全球发展合作伙伴关系的承诺，强调联合国在协调国际发展合作和确定可持续发展问题国际共识中的主导作用。我们认识到实现国际商定的发展目标，特别是联合国千年发展目标需要各界广泛参与，鼓励民间社会和工商部门发挥积极作用。在此背景下，我们强调应采用以性别为基础的方式应对发展问题。我们强调各国对自身发展负有首要责任，同时应辅之以有利的国际发展环境。我们呼吁发达国家增加对发展的投入，落实2015年前官方发展援助占国民总收入0.7%的承诺目标，提高援助有效性。我们强调亚欧会议是国际社会为加强全球发展伙伴关系所作努力的一个重要补充，包括亚欧政府间和多部门的倡议。

我们强调发展筹资是实现千年发展目标的重要因素，国际社会应尽快落实《蒙特雷共识》。我们期待2008年在卡塔尔多哈举行的发展筹资问题后续行动国际会议就发展筹资国际合作取得实质进展。

气候变化及能源安全

我们重申在可持续发展的框架下应对气候变化问题。我们重申要实现可持续发展就必须根据《联合国气候变化框架公约》（《公约》）确定的最终目标应对气候变化。我们认识到气候变化政府间委员会评估报告的重要性，尤其是第四次评估报告。

我们强调《公约》和《京都议定书》（《议定书》）是气候变化国际谈判和合作的主渠道，重申对《公约》和《议定书》的目标、宗旨和原则，尤其是"共同但有区别的责任"原则和各自能力的承诺。我们认识到亚欧会议成员愿在《公约》和《议定书》框架下共同寻求长期多边的解决办法，应对气候变化问题。我们欢迎巴厘行动计划的有关决定，它们包含了达成有雄心、有效和全面的一致成果的所有要素，用于目前阶段、2012年前及2012年之后开展长期的应对气候变化国际合作。我们致力于在2009年底前结束有关谈判。

我们认识到妥善应对气候变化的重要性，强调发达国家应继续率先行动，采取可衡量、可报告、可核实的适合本国国情的减缓承诺，包括进行量化的限排和减排目标，及在适当的情况下，以行业方式作为实施其减排目标的工具，并向发展中国家提供资金和转让技术。发展中国家则要在可持续发展框架下采取适合本国国情的减缓行动，这种行动应得到可衡量、可报告、可核实的技术、资金和能力建设支持，以实现有别于通常排放的结果。

我们强调需有一个进行长期合作行动的共同愿景，包括全球长期减排目标，以确保实现《公约》最终目标，根据《公约》原则和规定，特别是"共同但有区别的责任"的原则和各自能力，并在考虑到经济、社会条件和其他相关因素的条件下，使《公约》得以全面、有效和持续实施。我们进一步强调，为使这个共同愿景可信，要求发达国家带头承诺有雄心的、具有可比性的、有法律拘束力的减排目标。我们呼吁国际社会考虑气候变化政府间委员会第四次报告中的最具雄心的一系列目标。

我们认识到减排行动可为减少温室气体排放和生物多样性保护做出重要贡献。这些行动包括减少毁林和森林退化，通过促进造林和再造林增加碳汇，实施森林可持续管理，促进合理使用土地，采纳可持续生产和消费模式以及采取适当措施打击非法采伐和相关贸易等。我们亦重申支持巴厘会议的决定，即采取相关政策方法和激励措施，减少毁林和森林退化导致的排放并支持在发展中国家实行森林保护和可持续管理及提升森林碳汇储存的作用。

我们认识到适应气候变化对于各国，特别是发展中国家、最不发达国家和小岛屿发展中国家应对无法避免的气候变化带来的影响以及气候变化造成的不良后果至关重要，强调亚欧会议成员应根据《公约》承诺，共同努力提高发展中国家适应气候变化的能力，包括脆弱性评估，确定和加强实施适应行动，评估资金需求，提供技术援助，加强能力建设，加强危机管理，制定应对策略，并将适应纳入到发展政策和战略中。

我们强调技术、技术合作及向发展中国家转让技术的关键作用。我们将共同致力于在特定经济部门的技术合作，推动有关减缓信息和行业能效分析的交流，确定国家技术需求和自愿的、面向行动的国际合作，根据《公约》研究合作性行业方法和行业行动的作用。我们呼吁加强技术开发和转让，以支持减排和适应行动，并促进可负担的适应和减缓技术的开发、应用、推广和转让。我们欢迎在现有、新型和创新的清洁技术方面的研究、开发、示范和运用方面的合作，开辟双赢合作。我们强调，加强与发展中国家的技术合作与转让将为其应对气候变化创造必要条件。

我们注意到应对气候变化需要筹集更多公共和私营部门的国内和国际资金，我们支持加大对发展中国家的资金支持。我们还支持建立激励机制，鼓励发展中国家实施国家减排和适应战略与行动，促进公共和私营部门筹资和投资。

我们对气候变化引发的极端天气给成员国带来巨大的人员和财产损失表示关切,呼吁各成员落实第六届首脑会议的决定,加强成员间应对自然灾害管理的信息交流体系建议,并探讨建立早期预警机制的可能性。

我们强调在2008年波兰波兹南举行气候变化大会上下决心采取紧急行动,并为2009年底在丹麦哥本哈根举行的气候变化大会就目前阶段、2012年前及2012年后长期合作行动达成有雄心、有效和全面的一致成果。

我们认识到,能源与气候变化问题紧密相关,应统筹解决,充分考虑保障能源安全、改善能源结构、提高能源效率和节约能源等问题。我们支持进一步开发安全、可持续的低碳发展模式以及如何将其纳入可持续发展政策。

我们重申,能源安全同世界经济的稳定发展和各国的可持续发展紧密相关,强调各国应享有充分以及可持续利用能源与资源促进自身发展的权利,同时应充分考虑生态系统的承载能力和地区环境保护。我们鼓励亚欧会议成员加强能源开发利用的互利合作,为保障全球能源安全做出贡献。我们欢迎将于2009年上半年在布鲁塞尔举行的第一届亚欧能源安全部长级会议以及今年12月将在伦敦举行的吉达国际能源大会后续会议。

我们呼吁实现能源供应多元化、可持续性和安全性。

我们呼吁各成员努力提高能源节约和使用效率,优化能源消费结构,开发和使用可再生和清洁能源,包括不影响粮食安全、不造成环境危害的可持续生物能源,推动向发展中成员转让和推广先进的环境友好型能源技术。

我们强调,能源合作需与国际扶贫合作及环境保护相结合,通过能源扶贫帮助发展中国家,特别是最不发达国家加强基础设施建设、减少贫困、实现可持续发展。我们认识到加强联合国环境规划署在环保领域作用的重要性。

我们对当前国际油价及其变化趋势表示强烈关注,强调亚欧会议成员应共同努力,对石油市场的稳定性、透明度和可预见性做出贡献。

社会和谐

我们认识到一个平等和包容的社会必须通过统一的战略和政策来解决经济增长、社会发展和环境问题。我们强调可持续发展和社会和谐相得益彰，应通过可持续发展增加社会财富、改善人民生活、尊重人权，保障和促进社会公平正义和社会和谐。

我们强调，亚欧会议成员愿通过对话与合作促进社会和谐，为实现全球化下的社会可持续发展做出有效贡献。我们认识到在全球化背景下，亚欧会议成员面临缩小贫富差距、在保持多样文化的同时维护社会和谐、增加就业、提供医疗和社会保障等挑战，同意加强合作促进社会和谐，确保人人从全球化中受益。我们欢迎在德国和印尼举行的亚欧劳动和就业部长会议以及在布鲁塞尔举行的首届亚欧社会伙伴论坛成果。

我们认识到社会公平对于社会和谐的重要性，强调人人有权享受教育的重要性。我们强调亚欧会议成员应加大人力资源投入，优化人力资源使用，为所有人提供义务教育，扩大中等和高等教育覆盖面，提高教学质量，促进职业教育，鼓励终身学习。

我们认识到促进充分和生产性就业及体面工作对于保障和提高人民生活、实现社会和谐、落实联合国千年发展目标十分重要。我们认识到制定合理的就业和社会政策，加强良政及充分尊重和有效实施1998年《国际劳工组织工作中的基本原则和权利宣言》和2008年《国际劳工组织关于促进社会正义和实现公平全球化宣言》中提出的核心劳工标准，有助于实现一个经济上包容、和谐的社会，从而为包括弱势群体在内的每个人提供体面工作的机会、更好的生活条件、有效的社会和医疗保障、基本社会保障体系及工作环境的健康和安全。我们认识到社会保障体系的必要性，用以提供社会保障和支持劳工市场参与。我们强调公平合理的收入分配制度有助于实现社会平等。我们欢迎加强国际劳工组织在推动《体面劳动议程》及《国际劳工组织关于促进社会正义和实现公平全球化宣言》方面的能力。我们强调建立在互信和共同目标基础上的良好工业关系和有效社会对话，对于可持续发展和变化管理可发挥关键作用。我们鼓励亚欧会议成员加强劳动、就业和社会领域的互利合作。我们欢迎并支持2008年10月在印尼举行的第二届亚欧会议劳动及就业部长级会议通过的《关于更多和更好工作–战略合作和伙伴关系巴厘宣言》中建议开展的，旨在促进互利性体面工作和全球劳工市场的活动和项目。

我们注意到，要确保社会和谐，减少一国内部和国家之间的经济和社会不平衡，需提供合理、充分和可持续的社会保障，确保消费者安全，建立覆盖城乡正式和非正式部门的社会保障体系。我们强调依靠社区自身及社区间互利合作的重要性。

我们认识到国际移民有利于各方，有助于解决亚欧会议成员面临的人口和劳动力市场问题，帮助各国，特别是发展中国家实现可持续发展。我们注意到移民融入社会对实现社会和谐的重要性，呼吁亚欧会议成员制定综合措施应对移民问题，包括促进合法移民、有效解决非常规移民问题和推动移民与发展间的联系。亚欧会议成员还探讨政策对话、合作和推动建立人口流动伙伴关系，以及在国际移民方面进行合作的可能性。我们强调今年10月在菲律宾马尼拉举行第二届全球移民和发展论坛对于切实加强移民管理十分重要。

我们认识到人口老龄化已成为发达和发展中国家所共同面临的一个严峻挑战，强调亚欧会议成员应致力于实现《马德里国际老龄行动计划》所确定的目标和承诺以及相关地区战略。

我们认识到社会和谐包括人与自然和谐，生态文明是社会和谐不可或缺的组成部分，生态城代表环境友好和资源节约的文化趋势，欢迎中国提出的亚欧生态城网络倡议，并鼓励亚欧会议成员踊跃参与。

我们认识到企业社会责任与环境保护、劳工和人权、风险评估、公司治理和社区发展相关。鼓励亚欧会议成员在国内和国际层面促进企业社会责任。我们鼓励工商界自愿承担社会责任，遵循相应的国内情况及国际准则和法律,并为构建一个繁荣、和谐和富有社会责任感的商业环境做出贡献。

结束语

我们重申联合国在可持续发展领域确定的原则和目标,以及亚欧会议在该领域达成的共识的指导意义。我们欢迎亚欧会议现有可持续发展倡议,鼓励各成员开展更多活动落实本宣言。

选自《可持续发展北京宣言》,《人民日报》,2008年10月26日。

8.《我们希望的未来》(里约+20会议,2012年)(节选)

我们的共同愿景

(1)我们各国国家元首、政府首脑和高级代表于2012年6月20日至22日会聚里约热内卢,在有民间社会充分参与的情况下,再次承诺实现可持续发展,确保为我们的地球及今世后代,促进创造经济、社会、环境可持续的未来。

(2)消除贫穷是当今世界面临的最大的全球挑战,是可持续发展不可或缺的要求。对此,我们决心紧急行动,使人类摆脱贫穷和饥馑。

(3)因此,我们确认必须进一步将可持续发展纳入各级工作的主流,统筹经济、社会、环境工作,承认这些方面问题的彼此关联,在所有层面都实现可持续发展。

(4)我们认识到,消除贫穷、改变不可持续的消费和生产方式、推广可持续的消费和生产方式、保护和管理经济和社会发展的自然资源基础,是可持续发展的总目标和基本需要。我们也重申必须通过以下途径实现可持续发展:促进持续、包容性、公平的经济增长,为所有人创造更多机会,减少不平等现象,提高基本生活水平;推动公平社会发展和包容;促进以可持续的方式统筹管理自然资源和生态系统,支持经济、社会和人类发展,同时面对新的和正在出现的挑战,促进生态系统的养护、再生、恢复和回弹。

(5)我们再次承诺不遗余力在2015年前加速实现国际商定的发展目标,

包括千年发展目标。

（6）我们认识到，人民是可持续发展的中心。为此，我们努力创造公正、公平、包容的世界。我们决心共同奋斗，促进包容性的持续经济增长、社会发展、环境保护，造福万众。

（7）我们重申我们将继续遵循《联合国宪章》的宗旨和原则，充分遵守国际法及其原则。

（8）我们还重申自由、和平与安全的重要性，重申必须尊重所有人权，包括发展权和适当生活水平权，内含食物权、法治、性别平等及增强妇女权能以及对建立公平民主社会促进发展的全面承诺。

（9）我们重申《世界人权宣言》以及关于人权和国际法的其他国际文书的重要性。我们强调所有国家都有责任根据《联合国宪章》尊重、保护、增进所有人的人权和基本自由，不分种族、肤色、性别、语言、宗教、政治或其他见解、民族或社会本源、财产、出生、伤残或其他身份。

（10）我们确认，国内和国际民主、善治、法治以及有利的环境对于可持续发展，包括包容性的持续经济增长、社会发展、环境保护以及消除贫穷和饥馑的工作，至关重要。我们重申，要实现我们的可持续发展目标，我们必须在各级建立有效、透明、接受问责、民主的机构。

（11）我们再次承诺加强国际合作，应对持久存在的各种挑战，为所有人实现可持续发展，尤其是在发展中国家做到这一点。为此，我们重申必须实现经济稳定，实现持续经济增长，促进社会公平，保护环境，同时增进性别平等，进一步赋予妇女权能，为所有人创造平等机会，增进儿童的保护、生存和发展，通过教育等途径使其充分发挥潜力。

（12）我们决心为实现可持续发展采取紧急行动。因此，我们再次承诺实现可持续发展，评估可持续发展问题各次主要首脑会议成果文件实施工作迄今取得的进展和尚存差距，应对新挑战和正在出现的挑战。我们决心处理联合国可持续发展大会的主题，即可持续发展和消除贫穷背景下的绿色经济和可持续发展体制框架。

（13）我们认识到，人民要有机会影响自己的生活和未来，参与决策，对其关切的事项发表见解，这对于可持续发展至关重要。我们强调，可持续发展需要紧急的具体行动。要实现可持续发展，只能通过人民、政府、民间社会、私营部门的广泛联盟，由各方携手努力，为今世后代创造我们所希望的未来。

……

（19）我们认识到，在1992年联合国环境与发展会议召开以来的二十年中，进展参差不齐，在可持续发展和消除贫穷方面也是如此。我们强调必须在履行先前的承诺方面取得进展。我们也认识到必须加速弥合发达国家与发展中国家的发展差距，必须抓住机会，创造机会，通过经济增长、社会发展和环境保护来实现可持续发展。为此目的，我们强调，在国内和国际上都继续需要有利的环境，需要保持和加强国际合作，尤其是按彼此商定的方式保持和加强金融、债务、贸易和技术转让方面的合作，在革新、创业、能力建设、透明度和问责制方面也是如此。我们认识到，参与可持续发展的行为体和利益攸关方日趋多样。在这方面，我们确认继续需要所有国家，尤其是发展中国家，充分、有效参与全球决策。

（20）我们确认，自1992年以来，整合可持续发展的三个层面的工作的一些领域进展不足，遭受挫折，金融、经济、粮食和能源多重危机更是雪上加霜，对所有国家特别是发展中国家实现可持续发展的能力构成威胁。在这方面，关键是我们不能在履行对联合国环境与发展会议的成果的承诺方面却步。我们也认识到，对于所有国家，特别是对于发展中国家，当前的主要挑战之一是影响全世界的多重危机的冲击。

（21）我们深切关注的是，地球上每五个人中就有一人仍然生活在极端贫困之中，其人数超过10亿，每七个人中就有一人营养不良，占总人口的14%，公共卫生的挑战，包括各种流行病，仍然时时处处给我们带来威胁。在这方面，我们注意到大会正在进行的关于人的安全的讨论。我们确认，鉴于到2050年世界人口预计超过90亿，而据估计三分之二的人将居住在城市，我们需要加紧努力实现可持续发展,特别是消除贫穷、饥馑和可预防的疾病。

(22)我们确认在区域、国家、国家以下、地方等层面可持续发展取得进展的实例。我们注意到,实现可持续发展的努力反映于区域、国家及国家以下各级政策和计划,自《21世纪议程》通过以来,各国政府已通过法律和体制强化对可持续发展的承诺,并进一步发展和履行国际、区域和次区域协定和承诺。

(23)我们重申必须支持发展中国家努力消除贫穷,促进增强穷人和弱势人群的权能,包括排除障碍,创造机会,增强生产能力,发展可持续农业,力争让所有人都有充分的生产性就业和体面的工作,同时以有效的社会政策作为补充,实施社会保护最低标准,以实现国际商定的发展目标,包括千年发展目标。

(24)失业和未充分就业的人数仍然很多,在年轻人中尤其如此,我们对此深表关切。我们注意到,要在各个层面积极处理青年就业问题,就需要制定可持续发展战略。在这方面,我们认识到需要在国际劳工组织工作的基础上订立青年与就业问题全球战略。

(25)我们确认,气候变化是贯穿各领域的问题,是持久存在的危机,气候变化的负面影响范围大,十分严重,波及所有国家,削弱所有国家特别是发展中国家实现可持续发展和千年发展目标的能力,威胁国家的延续和生存。因此,我们强调,要对抗气候变化,就需要根据《联合国气候变化框架公约》的原则和规定,采取雄心勃勃的紧急行动。

(26)我们强烈敦促各国不要颁布和采用不符合国际法和《联合国宪章》、阻碍各国特别是发展中国家充分实现经济和社会发展的任何单方面经济措施、金融措施或贸易措施。

(27)我们重申在《约翰内斯堡执行计划》《2005年世界首脑会议成果》和2010年大会关于千年发展目标的高级别全体会议成果文件中表达的承诺,要进一步采取有效措施和行动,按照国际法,为生活在殖民统治和外国占领下的人民充分落实自决权排除障碍,这些障碍继续对他们的经济和社会发展以及环境产生不利影响,与人的尊严和价值不相容,必须予以打击和根除。

(28)我们重申,依照《联合国宪章》,这应不会被解释为授权或鼓励采取任何行动侵害任何国家的领土完整或政治独立。

(29)我们还决心进一步采取有效措施和行动,按照国际法,排除障碍和制约因素,加强支持,满足生活在受复杂人道主义紧急情况影响的地区和受恐怖主义影响的地区的人民的特殊需要。

(30)我们认识到,对许多人而言,尤其是对穷人而言,生计,经济、社会和物质福祉及文化遗产都直接依赖于生态系统。出于这个原因,必须创造体面的就业机会和收入,缩小生活水平的差距,更好地满足人民需求,推广可持续生计和做法,以可持续方式利用自然资源和生态系统。

(31)我们强调,可持续发展必须具有包容性,必须以人为本,惠及所有人,让所有人参与其中,包括青年和儿童。我们认识到,性别平等和增强妇女权能对于可持续发展和我们共同的未来很重要。我们再次承诺确保妇女的平等权利以及平等参与和领导经济、社会和政治决策的机会。

(32)我们认识到每个国家都面临实现可持续发展的具体挑战。我们强调,最脆弱的国家,特别是非洲国家、最不发达国家、内陆发展中国家和小岛屿发展中国家,面临具体挑战,中等收入国家也面临具体挑战。处于冲突局势中的国家也需要得到特别关注。

(33)我们再次承诺要紧急采取具体行动,通过持续执行《巴巴多斯行动纲领》和《毛里求斯战略》等途径,解决小岛屿发展中国家的脆弱性问题,并强调迫切需要寻找以协调一致方式应对小岛屿发展中国家面临的主要挑战的进一步解决方案,以帮助这些国家保持在执行《巴巴多斯行动纲领》和《毛里求斯执行战略》以及实现可持续发展过程中形成的势头。

(34)我们重申,《伊斯坦布尔行动纲领》概括了最不发达国家可持续发展的优先事项,确定了更新并加强落实这些优先事项的全球伙伴关系框架。我们承诺协助最不发达国家执行《伊斯坦布尔行动纲领》,努力实现可持续发展。

（35）我们认识到应更多关注非洲,关注此前的联合国首脑会议和其他主要会议有关非洲发展需求的商定承诺的履行情况。我们注意到近年来对非洲的援助已经增加,但仍低于先前所承诺的水平。我们强调,国际社会的关键优先就是支持非洲的可持续发展努力。在这方面,我们再次承诺充分兑现有关非洲发展需求的国际商定承诺,特别是在《联合国千年宣言》《联合国非洲发展新伙伴关系宣言》《蒙特雷共识》《约翰内斯堡执行计划》《2005年世界首脑会议成果》和2008年关于非洲发展需求的政治宣言中所载的承诺。

（36）我们认识到,内陆发展中国家在所有三个层面实现可持续发展面临严重制约。在这方面,我们再次承诺通过充分、及时、有效执行《阿拉木图行动纲领》中期审查宣言所载《阿拉木图行动纲领》,应对内陆发展中国家的特殊发展需求和挑战。

（37）我们认识到中等收入国家在改善人民福祉方面取得的进展,认识到这些国家在努力消除贫穷、减少不平等现象、实现包括千年发展目标在内的发展目标、全面实现经济、社会和环境可持续发展过程中面临的具体发展挑战。我们重申,国际社会应考虑到这些国家的需求和调动国内资源的能力,通过各种形式充分支持这些努力。

（38）我们认识到,为了改善决策的依据,需要有更加广泛的进展情况衡量尺度,作为对国内生产总值的补充,为此,我们要求联合国统计委员会与联合国系统相关实体和其他相关组织协商,以现有倡议为基础,在该领域推出一个工作方案。

（39）我们认识到,地球及其生态系统是我们的家园,地球母亲是许多国家和地区的共同表述,我们注意到一些国家在促进可持续发展的背景下承认自然的权利。我们深信,为了在当代和子孙后代的经济、社会和环境需求之间实现公正平衡,有必要促进与自然的和谐。

（40）我们要求以通盘整合的方式对待可持续发展,引导人类与自然和谐共存,努力恢复地球生态系统的健康和完整性。

（41）我们确认世界自然和文化的多样性,认识到所有文化和文明都能够为可持续发展做出贡献。

……

可持续发展目标

（245）我们强调，千年发展目标是一种有益的工具，能有助于将重点实现特定发展目标作为联合国广泛发展远景和发展活动框架的一部分内容，并有助于确定国家优先事项，调动利益攸关方并调集资源以实现共同目标。因此，我们坚定地承诺充分及时地予以实现。

（246）我们认识到，目标的制定对就可持续发展采取重点突出、连贯一致的行动同样有益。我们还认识到，一整套基于《21世纪议程》和《约翰内斯堡执行计划》，充分尊重所有《里约原则》并考虑到各国不同国情、能力和优先目标的情况下，遵循国际法，推进已经作出的承诺并有助于充分落实所有包括本成果文件在内的经济、社会和经济领域所有主要首脑会议的成果的可持续发展目标很重要，也很有用。这些目标应均衡地处理和整合可持续发展的所有三个层面及其相互联系，应与2015年后的联合国发展议程连贯一致，并纳入其中，从而协助实现可持续发展，推动可持续发展在整个联合国系统内的执行和主流化。这些目标的制定不应分散对实现千年发展目标的注重或为之作出的努力。

（247）我们还强调，可持续发展目标应当着重行动，简明扼要，便于传播，数目不多，具有雄心，具有全球性，普遍适用于所有国家而又考虑到各国不同的国情、能力和发展水平，同时尊重国家政策和优先目标。我们还确认目标应针对并且侧重于实现可持续发展的优先领域，以本成果文件为指针。各国政府应酌情在所有相关利益攸关方积极参与的情况下推动执行工作。

（248）我们决心就可持续发展目标建立一个包容、透明的政府间进程。该进程对所有利益攸关方开放，旨在制定有待大会商定的全球可持续发展目标。一个开放的工作组应不迟于大会第六十七届会议开幕时设立，由联合国五个区域集团的会员国提名的30名代表组成，以实现公平、公正、平衡的地域代表性。该开放的工作组一开始就应决定其工作方法，包括订立方式，以确保在其工作中有相关利益攸关方充分参与，并吸收民间社会、科学界和联合国系统的专门知识，以便拥有多样的观点和经验。工作组将向大会第六十八届会议提交一份报告，内载关于可持续发展目标的提议，供其审议和采取适当的行动。

（249）这一进程需要与审议2015年后的发展议程的进程协调一致。最初对工作组的投入应由秘书长与各国政府协商提供。为了向这一进程和工作组的工作提供技术支持，我们请秘书长在吸取所有相关专家意见的基础上，根据需要设立一个机构间技术支持小组和数个专家组，确保联合国系统对这一工作的一切必要投入和支持。工作进展情况报告将定期提交大会。

（250）我们认识到应在考虑到各国不同国情、能力和发展水平的情况下订立具体目标和指标，借以评估在实现目标方面的进展情况。

（251）我们认识到，关于可持续发展的有科学依据的全球综合信息很有必要。在这方面，我们请联合国系统有关机构在各自的任务范围内支持区域经济委员会收集汇编各国的投入，以便为这项全球努力提供依据。我们还承诺，尤其为发展中国家调集财政资源，开展能力建设，以完成这项工作。

选自联合国正式文件（A/RES/66/288）http://www.un.org/zh/documents/view_doc.asp?symbol=A/RES/66/288。

9.《2030年可持续发展议程》(联合国发展峰会,2015年)(节选)

序言

本议程是为人类、地球与繁荣制订的行动计划。它还旨在加强世界和平与自由。我们认识到,消除一切形式和表现的贫困,包括消除极端贫困,是世界最大的挑战,也是实现可持续发展必不可少的要求。

所有国家和所有利益攸关方将携手合作,共同执行这一计划。我们决心让人类摆脱贫困和匮乏,让地球治愈创伤并得到保护。我们决心大胆采取迫切需要的变革步骤,让世界走上可持续且具有恢复力的道路。在踏上这一共同征途时,我们保证,绝不让任何一个人掉队。

我们今天宣布的17个可持续发展目标和169个具体目标展现了这个新全球议程的规模和雄心。这些目标寻求巩固发展千年发展目标,完成千年发展目标尚未完成的事业。它们要让所有人享有人权,实现性别平等,增强所有妇女和女童的权能。它们是整体的,不可分割的,并兼顾了可持续发展的三个方面:经济、社会和环境。

这些目标和具体目标将促使人们在今后15年内,在那些对人类和地球至关重要的领域中采取行动。

人类

我们决心消除一切形式和表现的贫困与饥饿,让所有人平等和有尊严地在一个健康的环境中充分发挥自己的潜能。

地球

我们决心阻止地球的退化,包括以可持续的方式进行消费和生产,管理地球的自然资源,在气候变化问题上立即采取行动,使地球能够满足今世后代的需求。

繁荣

我们决心让所有的人都过上繁荣和充实的生活,在与自然和谐相处的同时实现经济、社会和技术进步。

和平

我们决心推动创建没有恐惧与暴力的和平、公正和包容的社会。没有和平,就没有可持续发展;没有可持续发展,就没有和平。

伙伴关系

我们决心动用必要的手段来执行这一议程,本着加强全球团结的精神,在所有国家、所有利益攸关方和全体人民参与的情况下,恢复全球可持续发展伙伴关系的活力,尤其注重满足最贫困最脆弱群体的需求。各项可持续发展目标是相互关联和相辅相成的,对于实现新议程的宗旨至关重要。如果能在议程述及的所有领域中实现我们的雄心,所有人的生活都会得到很大改善,我们的世界会变得更加美好。

宣言
导言

(1)我们,在联合国成立七十周年之际于2015年9月25日至27日会聚在纽约联合国总部的各国的国家元首、政府首脑和高级别代表,于今日制定了新的全球可持续发展目标。

（2）我们代表我们为之服务的各国人民，就一套全面、意义深远和以人为中心的具有普遍性和变革性的目标和具体目标，作出了一项历史性决定。我们承诺做出不懈努力，使这一议程在2030年前得到全面执行。我们认识到，消除一切形式和表现的贫困，包括消除极端贫困，是世界的最大挑战，对实现可持续发展必不可少。我们决心采用统筹兼顾的方式，从经济、社会和环境这三个方面实现可持续发展。我们还将在巩固实施千年发展目标成果的基础上，争取完成它们尚未完成的事业。

（3）我们决心在现在到2030年的这一段时间内，在世界各地消除贫困与饥饿；消除各个国家内和各个国家之间的不平等；建立和平、公正和包容的社会；保护人权和促进性别平等，增强妇女和女童的权能；永久保护地球及其自然资源。我们还决心创造条件，实现可持续、包容和持久的经济增长，让所有人分享繁荣并拥有体面工作，同时顾及各国不同的发展程度和能力。

（4）在踏上这一共同征途时，我们保证，绝不让任何一个人掉队。我们认识到，人必须有自己的尊严，我们希望实现为所有国家、所有人民和所有社会阶层制定的目标和具体目标。我们将首先尽力帮助落在最后面的人。

（5）这是一个规模和意义都前所未有的议程。它顾及各国不同的国情、能力和发展程度，尊重各国的政策和优先事项，因而得到所有国家的认可，并适用于所有国家。这些目标既是普遍性的，也是具体的，涉及每一个国家，无论它是发达国家还是发展中国家。它们是整体的，不可分割的，兼顾了可持续发展的三个方面。

（6）这些目标和具体目标是在同世界各地的民间社会和其他利益攸关方进行长达两年的密集公开磋商和意见交流，尤其是倾听最贫困最弱势群体的意见后提出的。磋商也参考借鉴了联合国大会可持续发展目标开放工作组和联合国开展的重要工作。联合国秘书长于2014年12月就此提交了一份总结报告。

愿景

(7)我们通过这些目标和具体目标提出了一个雄心勃勃的变革愿景。我们要创建一个没有贫困、饥饿、疾病、匮乏并适于万物生存的世界。一个没有恐惧与暴力的世界。一个人人都识字的世界。一个人人平等享有优质大中小学教育、卫生保健和社会保障以及心身健康和社会福利的世界。一个我们重申我们对享有安全饮用水和环境卫生的人权的承诺和卫生条件得到改善的世界。一个有充足、安全、价格低廉和营养丰富的粮食的世界。一个有安全、充满活力和可持续的人类居住地的世界和一个人人可以获得价廉、可靠和可持续能源的世界。

(8)我们要创建一个普遍尊重人权和人的尊严、法治、公正、平等和非歧视,尊重种族、民族和文化多样性,尊重机会均等以充分发挥人的潜能和促进共同繁荣的世界。一个注重对儿童投资和让每个儿童在没有暴力和剥削的环境中成长的世界。一个每个妇女和女童都充分享有性别平等和一切阻碍女性权能的法律、社会和经济障碍都被消除的世界。一个公正、公平、容忍、开放、有社会包容性和最弱势群体的需求得到满足的世界。

(9)我们要创建一个每个国家都实现持久、包容和可持续的经济增长和每个人都有体面工作的世界。一个以可持续的方式进行生产、消费和使用从空气到土地、从河流、湖泊和地下含水层到海洋的各种自然资源的世界。一个有可持续发展、包括持久的包容性经济增长、社会发展、环境保护和消除贫困与饥饿所需要的民主、良政和法治,并有有利的国内和国际环境的世界。一个技术研发和应用顾及对气候的影响、维护生物多样性和有复原力的世界。一个人类与大自然和谐共处,野生动植物和其他物种得到保护的世界。

共同原则和承诺

(10)新议程依循《联合国宪章》的宗旨和原则,充分尊重国际法。它以《世界人权宣言》、国际人权条约、《联合国千年宣言》和2005年世界首脑会议成果文件为依据,并参照了《发展权利宣言》等其他文书。

(11)我们重申联合国所有重大会议和首脑会议的成果,因为它们为可持续发展奠定了坚实基础,帮助勾画这一新议程。这些会议和成果包括《关于环境与发展的里约宣言》、可持续发展问题世界首脑会议、社会发展问题世界首脑会议、《国际人口与发展会议行动纲领》《北京行动纲要》和联合国可持续发展大会。我们还重申这些会议的后续行动,包括以下会议的成果:第四次联合国最不发达国家问题会议、第三次小岛屿发展中国家问题国际会议、第二次联合国内陆发展中国家问题会议和第三次联合国世界减灾大会。

(12)我们重申《关于环境与发展的里约宣言》的各项原则,特别是宣言原则7提出的共同但有区别的责任原则。

(13)这些重大会议和首脑会议提出的挑战和承诺是相互关联的,需要有统筹解决办法。要有新的方法来有效处理这些挑战。在实现可持续发展方面,消除一切形式和表现的贫困,消除国家内和国家间的不平等,保护地球,实现持久、包容和可持续的经济增长和促进社会包容,是相互关联和相辅相成的。

当今所处的世界

(14)我们的会议是在可持续发展面临巨大挑战之际召开的。我们有几十亿公民仍然处于贫困之中,生活缺少尊严。国家内和国家间的不平等在增加。机会、财富和权力的差异十分悬殊。性别不平等仍然是一个重大挑战。失业特别是青年失业,是一个令人担忧的重要问题。全球性疾病威胁、越来越频繁和严重的自然灾害、不断升级的冲突、暴力极端主义、恐怖主义和有关的人道主义危机以及被迫流离失所,有可能使最近数十年取得的大部分发展进展功亏一篑。自然资源的枯竭和环境退化产生的不利影响,包括荒漠化、干旱、土地退化、淡水资源缺乏和生物多样性丧失,使人类面临的各种挑战不断增加和日益严重。气候变化是当今时代的最大挑战之一,它产生的不利影响削弱了各国实现可持续发展的能力。全球升温、海平面上升、海洋酸化和其他气候变化产生的影响,严重影响到沿岸地区和低洼沿岸国家,包括许多最不发达国家和小岛屿发展中国家。许多社会和各种维系地球的生物系统的生存受到威胁。

(15)但这也是一个充满机遇的时代。应对许多发展挑战的工作已经取得了重大进展,已有千百万人民摆脱了极端贫困。男女儿童接受教育的机会大幅度增加。信息和通信技术的传播和世界各地之间相互连接的加强在加快人类进步方面潜力巨大,消除数字鸿沟,创建知识社会,医药和能源等许多领域中的科技创新也有望起到相同的作用。

(16)千年发展目标是在近十五年前商定的。这些目标为发展确立了一个重要框架,已经在一些重要领域中取得了重大进展。但是各国的进展参差不齐,非洲、最不发达国家、内陆发展中国家和小岛屿发展中国家尤其如此,一些千年发展目标仍未实现,特别是那些涉及孕产妇、新生儿和儿童健康的目标和涉及生殖健康的目标。我们承诺全面实现所有千年发展目标,包括尚未实现的目标,特别是根据相关支助方案,重点为最不发达国家和其他特殊处境国家提供更多援助。新议程巩固发展了千年发展目标,力求完成没有完成的目标,特别是帮助最弱势群体。

(17)但是,我们今天宣布的框架远远超越了千年发展目标。除了保留消贫、保健、教育和粮食安全和营养等发展优先事项外,它还提出了各种广泛的经济、社会和环境目标。它还承诺建立更加和平、更加包容的社会。重要的是,它还提出了执行手段。新的目标和具体目标相互紧密关联,有许多贯穿不同领域的要点,体现了我们决定采用统筹做法。

……

可持续发展目标和具体目标

(54)在进行各方参与的政府间谈判后,我们根据可持续发展目标开放工作组的建议(建议起首部分介绍了建议的来龙去脉),商定了下列目标和具体目标。

(55)可持续发展目标和具体目标是一个整体,不可分割,是全球性和普遍适用的,兼顾各国的国情、能力和发展水平,并尊重各国的政策和优先事项。具体目标是人们渴望达到的全球性目标,由各国政府根据国际社会的总目标,兼顾本国国情制定。各国政府还将决定如何把这些激励人心的全球目标列入本国的规划工作、政策和战略。必须认识到,可持续发展与目前在经济、社会和环境领域中开展的其他相关工作相互关联。

(56)我们在确定这些目标和具体目标时认识到,每个国家都面临实现可持续发展的具体挑战,我们特别指出最脆弱国家,尤其是非洲国家、最不发达国家、内陆发展中国家和小岛屿发展中国家面临的具体挑战,以及中等收入国家面临的具体挑战。我们还要特别关注陷入冲突的国家。

(57)我们认识到,仍无法获得某些具体目标的基线数据,我们呼吁进一步协助加强会员国的数据收集和能力建设工作,以便在缺少这类数据的国家制定国家和全球基线数据。我们承诺将填补数据收集的空白,以便在掌握更多信息的情况下衡量进展,特别是衡量那些没有明确数字指标的具体目标的进展。

(58)我们鼓励各国在其他论坛不断作出努力,处理好可能对执行本议程构成挑战的重大问题;并且尊重这些进程的独立授权。我们希望议程和议程的执行工作支持而不是妨碍其他这些进程以及这些进程作出的决定。

(59)我们认识到,每一国家可根据本国国情和优先事项,采用不同的方式、愿景、模式和手段来实现可持续发展;我们重申,地球及其生态系统是我们共同的家园,"地球母亲"是许多国家和地区共同使用的表述。

可持续发展目标

目标1.在全世界消除一切形式的贫困

目标2.消除饥饿,实现粮食安全,改善营养状况和促进可持续农业

目标3.确保健康的生活方式,促进各年龄段人群的福祉

目标4.确保包容和公平的优质教育,让全民终身享有学习机会

目标5.实现性别平等,增强所有妇女和女童的权能

目标6.为所有人提供水和环境卫生并对其进行可持续管理

目标7.确保人人获得负担得起的、可靠和可持续的现代能源

目标8.促进持久、包容和可持续的经济增长,促进充分的生产性就业和人人获得体面工作

目标9.建造具备抵御灾害能力的基础设施,促进具有包容性的可持续工业化,推动创新

目标10.减少国家内部和国家之间的不平等

目标11.建设包容、安全、有抵御灾害能力和可持续的城市和人类住区

目标12.采用可持续的消费和生产模式

目标13.采取紧急行动应对气候变化及其影响

目标14.保护和可持续利用海洋和海洋资源以促进可持续发展

目标15.保护、恢复和促进可持续利用陆地生态系统,可持续管理森林,防治荒漠化,制止和扭转土地退化,遏制生物多样性的丧失

目标16.创建和平、包容的社会以促进可持续发展,让所有人都能诉诸司法,在各级建立有效、负责和包容的机构

目标17.加强执行手段,重振可持续发展全球伙伴关系。

选自联合国正式文件(A/RES/70/1)http://www.un.org/zh/documents/view_doc.asp?symbol=A/RES/70/1。

三

研究文摘

1. 罗马俱乐部：
增长的极限

　　到现在为止我们的研究工作得出了下面的一些结论。我们并不是第一个陈述这些结论的一伙人。过去几十年来，用全球性的、长期的眼光观察世界的人们也曾得到相似的结论。可是，绝大多数政策制定者似乎在追求一些不符合这些结论的目标。

　　我们的结论是：

　　(1)如果世界人口、工业化、污染、粮食生产以及资源消耗按现在的增长趋势继续不变，这个星球上的经济增长就会在今后一百年内某一个时候达到极限。最可能的结果是人口和工业生产能力这两方面发生颇为突然的、无法控制的衰退或下降。

　　(2)改变这些增长趋势，确立一种可以长期保持的生态稳定和经济稳定的条件是可能的。全球均衡的状态可能计划做到，使得世界上每个人的基本物质需要得到满足，以及每个人有同等机会发挥他个人的人类潜力。

　　(3)如果世界上的人决定努力争取这第二种结果，而不是那第一种，那么，他们愈早开始努力，取得成功的可能性就愈大。

　　这些结论影响如此深远，并引起这么多的问题需要进一步研究，我们很坦率地说此项工作的艰巨简直使我们不知从何着手。

　　我们希望这本书会引起许多研究领域和许多国家中其他人们的兴趣，提高他们的眼界，扩大他们所关心的问题的空间和时间范围，和我们一起来了解一个伟大的过渡时期，并为这过渡作好准备——从增长过渡到全球均衡。

……

需要什么东西来维持世界的经济增长和人口增长到2000年，或许甚至更远的时期？必要的成分很多，但大致可以分为主要的两类：

第一类包括维持一切生理活动和产业活动的物质必需品——粮食、原料、矿物燃料和核燃料，以及地球上那些吸收废物和回收重要基本化学物质的生态系统。这些成分原则上都是有形的、可数的东西，例如可耕地、淡水、金属、森林、海洋。在本章中我们将估计世界上这些物质资源的存量，因为它们是这个地球上增长极限的最终决定因素。

增长所需的第二类必要成分包括那些社会必需品。即使地球的物质系统有能力维持一个大得多的、经济上比较发达的人口，经济和人口的实际增长还须决定于诸如和平与社会安定、教育与就业，以及不断的技术进步这些因素。对这些因素进行估计或预测，比较困难得多。这本书以及我们在现今这个发展阶段的世界模型，都不能清清楚楚地说明这些社会因素，研究的范围也只能限于我们现有的关于物质供给的数量和分配的资料所能指示的可能发生的未来社会问题。

粮食、资源和有益于健康的环境，是增长的必要条件，但仅仅这些条件还不够。即使这些条件充分，增长也可能受到社会问题的阻碍。然而，让我们暂时假定会有尽可能好的社会条件。那么，物质系统会维持什么程度的增长呢？我们得到的答案将给我们作出对人口增长和资本增长两者的最高限度的一种估计，可是不保证增长将实际上达到那个程度。

粮食

……

这个地球上能养活多少人？对这个问题，当然没有简单的答案。如何答复，有待于社会在各种可供选择的对象中作出决定。生产更多的粮食还是生产人类所需要的或者所向往的其他物品和服务，这两者之间有一种直接的权衡。随着人口增长，对这些其他物品和服务的需求也在增加，因此这种权衡不断地变得更明显和更难解决。然而，即使这种选择一贯地是优先生产粮食，继续不停地人口增长和成本递增律也能很快地把整个系统推到那一点，在那里所有可以使用的资料全部用于生产粮食，再没有进一步扩展的可能性。

在本节中我们仅仅讨论了对粮食生产的一项可能的限制——可耕地。还有其他可能的限制，但篇幅有限，我们不能在这里详细讨论。最明显的一项，其重要性仅次于土地的，是淡水的供给。每年来自地球上陆地区域的淡水流量有一个最高限度，也有一种指数增加的对这种水的需求。

……

也可能通过科学技术的进步，消除对土地的依赖（合成食物）或者创造新的淡水来源（海水的脱盐），从而避免或者扩大上述这些限度……暂时只需认识到没有一种新工艺是自发的或者不需代价的。生产合成食物的工厂和原料，净化海水的设备和能量，都必须来自物质世界系统。

粮食需求的指数增长，是现在决定人口增长的那种正反馈环路的直接结果。将来可以得到的粮食供给决定于土地和淡水，也决定于农业资本，这又决定于系统里另一种重要的正反馈环路——资本投资环路。开发新土地、在海上经营农场，或者扩大化肥和杀虫剂的使用，将需要增加用于粮食生产的资本设备。容许资本设备增长的资源，往往不是可以更新的资源，像土地或者水，而是不可更新的资源，像燃料或者金属。因此将来粮食生产的扩大在很大程度上依赖可以得到这种不可更新的资源。地球上这些资源的供给有限度吗？

不可更新的资源

……

地壳含有巨大数量的原料，这些原料人们已经学会了开采，把它们变成有用的东西。然而不管数量多么巨大，总不是无限的。既然我们已经看到一个指数的增长的数量怎样突然达到一种固定的最高限度，下面这种说法就不应该是出人意外的。根据现今的资源消耗率以及预计这些消耗率的增高，目前重要的不能更新的资源大多数到一百年后将极其昂贵。尽管关于尚未发现的蕴藏、技术进步、代用，或者回收利用等有一些非常乐观的假设，只要对资源的需求继续指数地增长，上述这种说法仍然是确实的。固定储藏量最少的那些资源的价格已经开始增长。例如，汞的价格在过去二十年中已经上涨5%；铅的价格在过去三十年中增加了300%。

我们在考虑全世界资源的总储藏量时得出的那些简单结论，由于实际上资源的储藏和资源的消费两者都不是均匀地分布在世界各地，以致问题更加复杂……那些工业化的消费国家完全依靠一套和生产国家签订的国际协议，取得它们的工业基地所需要的原料供应。一种又一种的资源会变成贵得令人买不起，这是各种工业所遭遇的困难经济问题，除此以外还有生产国家和消费国家之间的关系这一无法正确估计的政治问题，因为剩下的资源集中在范围比较有限的地理区域。近年来南美矿山的国有化以及中东提高石油价格的成功，使人想到在最终的经济问题尚未到来以前，政治问题可能早就发生。

有足够的资源可以容许到2000年时会有七十亿人在经济上发展到相当高的生活水平吗？答案又必须是有条件的。那取决于那些主要的资源消费社会怎样事先作出一些重要决策。他们可能按照目前的格局继续增加资源消费。他们可能学会回收利用废弃材料。他们可能研制出新的方法，提高用稀有物资制成的产品的耐久性。他们可能提倡种种社会范型和经济范型，那会满足人们的需要，而同时尽量减少（不是尽量加多）他们占有的和消耗的无法恢复原状的物质。

所有这些可能的发展路线都涉及利害权衡。在这种情况下权衡特别困难，因为这里所谓权衡是在目前利益和未来利益之间进行选择。为了保证将来适当资源的可得量，必须采取现在会减少资源使用的政策。这些政策大多数通过提高资源的成本发生作用。回收和改进产品设计是花钱多的；世界上大多数地方今天认为这样做"不经济"。然而，即使这两项能有效地做到，只要那向前推动的人口的反馈环路和工业增长继续产生更多的人和更高的按人口计算的资源需求，整个系统就在被推向它的极限——地球上不可更新的资源耗尽。

从地球上开采出来的金属和燃料，在已经使用并抛弃以后，结果是什么情况呢？在一种意义上这些东西绝对不是浪费掉。它们的构成原子被重新安排，最后以冲淡的和不能使用的形式被分散到我们这个星球的空气、土壤和水中。自然的生态系统能吸收人类活动的许多流出物，把它们再加工为可以被其他形式的生物利用的，或者至少对它们无害的物质。然而，当任何一种流出物的排出量十分庞大时，自然的吸收机构能达到饱和状态。人类文明的废物能在环境里积聚起来，最后变得可以看得出令人讨厌、甚至有害。海洋鱼体内的汞、城市空气中的铅微粒、堆积如山的都市垃圾，海滩上的油膜——这些是各种资源在人类手中日益增多的流进流出的结果。那么，世界系统中另一个正在指数增加的数量是污染，就不足为奇了。

……

污染

人类关心他们自己的活动对自然环境的影响，只是晚近的事。试图用科学方法测量这种影响，那就更新近了，而且做得还很不全面。在这个时候我们当然不能对地球吸收污染的能力作出任何最后的结论。然而，我们在本节中可以提出基本的四点，它们从动态的、全球的观点说明，想要了解和控制我们的生态系统的未来状况，是多么困难。这四点是：

(1)已经实际作了长时期测量的几种污染，似乎是按指数增加。

(2)关于这些污染增长曲线的最高限度可能在什么地方，我们几乎一无所知。

(3)生态变化过程中存在有自然延迟，这使人们更可能不够重视控制措施。并因此而更可能出乎意外地达到那些最高限度。

(4)许多污染物质传播到全球；它们的有害影响在距离它们产生地点很远的地方出现。

……

我们已经在两个国际会议上提出过此项报告的研究结果。这两个会议都是1971年夏季举行的，一个在莫斯科，一个在里约热内卢。虽然会上有人提出许多问题和批评，对于报告中陈述的种种远景却没有重大的意见分歧。报告的初步草稿也提交给大约四十名个人，征求他们的意见——其中大多数是罗马俱乐部的成员。说一说批评中的一些主要论点，也许是有趣味的：

(1)既然模型只能容纳有限的几项可变因素，所研究的相互作用只是部分的。人们指出，在一个像这项研究所使用的全球性模型中，聚合作用的程度必然也高。但是，人们一般都认识到，用一个简单的世界模型，是可以研究基本假设改变所产生的影响的，是可以刺激政策变化所产生的影响的，从而察看这种改变怎样影响系统在一个时期内的运转。在现实世界中同样的实验一定会时间长、费用大，而且在许多情况下不可能。

(2)有人认为，人们对于科学技术的进步在解决某些问题方面的可能性不够重视，这些问题包括例如发展简单可靠的避孕方法、从矿物燃料中生产蛋白质、生产或者利用实际上没有限制的能源（包括无污染的太阳能），以及利用这些能源将空气和水制成合成食物，从岩石中提炼矿产品。然而，大家一致认为，这种发展或许会来得太晚，不能避免人口数字的或者环境的大灾难。无论如何，这些发展或许只能延迟而不能避免危机，因为这个疑难问题中有一些问题不是仅仅需要技术的解决办法。

(3)另一些人觉得，在还未充分勘探的地区发现原料蕴藏的可能性，比这个模型所假设的大得多。可是，这种发现也是仅仅会推迟物资短缺，而不是根本消除。然而，必须认识到，把可以有资源供给的时期延长几十年，会使人类有时间谋求补救的方法。

(4)有一些人认为这个模型太"技术性"了，说它不包括一些重要的社会因素,例如采用不同的价值系统会有什么影响。莫斯科会议的主席概括了这一点,他说:"人不是单纯的生物控制装置。"这个批评,人们容易接受。目前这种模型仅仅从物质系统方面考虑人,因为在这第一次的尝试中根本无法想出若干恰当的社会因素,把它们引进模型。然而,尽管这个模型具有物质倾向,得出的结论却指出在社会评价方面需要根本性的改变。

总的说来,读过此项报告的那些人大多数同意它的见解。再说,很明显,如果报告中提出的议论(即使在给有理由的批评留出余地以后)被认为是正确的,它们的重大意义无论怎样强调也不为过分。

许多评论家和我们同样地相信,此项研究计划的根本意义在于它的全球概念,因为,我们是通过对整体的知识取得对各个组成部分的了解,而不是反过来。报告用坦率的方式:提出一些不仅使一个国家或者一个民族而是使所有的国家和所有的民族都面临的抉择,这样就使读者不得不提高自己的眼光,提到世界问题的尺度。这种方法的一个缺点——由于世界社会、各国的政治结构,以及发达水平的多样性——此项研究的结论,虽然对我们的地球作为一个整体是有效的和正确的,而对于任何特殊的国家或地区在细节上却不能适用。

确实,实际上在世界上的一些紧张点偶尔有重大事件发生——不是在整个地球上普遍地或者同时地发生。所以,即使由于人类的惰性和政治困难,模型所预期的种种后果竟然发生,没有疑问这些后果也会首先在一系列局部的危机和灾难中出现。

可是,大概同样确实的是,这些危机会在全世界引起反应,许多国家和人民,由于采取仓促的补救行动或者退而走向孤立主义并试图实行自给自足,就会徒然使那些在整个系统中起作用的条件恶化。世界系统的各种组成部分的相互依存关系会使得这种措施终于无效。战争、瘟疫、工业经济的原料不足,或者一种普遍化的经济衰退,会导致传染性的社会崩溃。

最后,人们认为此项报告指出一个闭关自守的系统以内人类增长的指数性质,在这一点上特别有价值。这一概念,尽管对我们这有限的星球的未来具有巨大意义,在实际政治中却很少被人提起或者正确评价。麻省理工学院的研究计划,对于人们还不能理解清楚的一些趋势,提出一种讲道理和有系统的解释。

……

人类共同努力作出生态改变

虽然我们这里只能表示我们的初步见解,承认这些见解还需要经过很多思考和整理,我们在下列各点上却是意见一致的:

(1)我们相信,认识到世界环境的量的限制以及过度发展的灾难性后果,对于启发新的思想方式是很重要的,这些新思想将根本改造人类的行为,并且,不言而喻,根本改造现今这个社会的全部结构。

只有现在,人们已经开始了解人口增长和经济增长之间的一些相互影响,以及两者都已经达到空前的水平,人类才不得不考虑地球的有限面积以及他们在地球上的人数和活动的最高限度。研究不受限制的物质增长的代价,并考虑除了继续增长以外的其他可供选择的办法,有史以来第一次变得极其重要。

(2)我们又相信,世界上的人口数字已经达到这样高的水平,并且分布得这样的不平均,以致单单这一点也一定会使人类不得不在地球上追求平衡状态。

人口不足的地区仍然存在;可是,把全世界作为一个整体来考虑,人口增长方面的危机点正在临近,假如还没有达到的话。当然没有什么独特的最适当的长期人口水平、社会和物质标准、个人自由和其他构成生活质量的成分。既然不可更新的资源存量是有限的和越用越少的,以及地球的空间是有限的,人们就必须一般地承认人的数目越来越多,最后一定意味着较低的生活标准——和更复杂的疑难问题。另一方面,稳定人口数字的增长,不会使任何基本的人类评价受到危害。

(3)我们认识到,世界平衡能够成为一种现实,只要所谓发展中国家的境况得到重大的改善,绝对地以及相对于经济发达的国家而言都有了改善。我们肯定地说这种改善只有通过全球战略才可能实现。

没有全世界的努力, 今天的已经具有爆炸性的鸿沟和不平等将继续发展到更大。结果只能是一场大灾难,无论是由于完全为了自己的利益而行动的个别国家的自私,或是由于发展中国家和发达国家之间的权力斗争。世界系统完全不够大也不够慷慨,不能为它的居民的利己主义和互相抵触的行为再提供多长时期的资源。我们距离地球的物质极限越近,解决这个问题的困难就越大。

(4)我们肯定地说,全球性的发展问题却是和其他的全球性问题密切相互关联,以致人们必须制定一种总体战略,着手研究所有的重要问题,特别是人类和环境的关系问题。

在世界人口三十年多一点就增加一倍的情况下, 社会要在这样短的时期内满足这样多的新增人口的需要和期望,一定会有困难。我们为了设法满足这些需求,很可能过度利用自然环境,更加损害地球的维持生命的能力。因此,在人类—环境方程式的两方,形势会大大地恶化。我们不能指望单靠技术的解决办法就能使我们摆脱这一恶性循环。用来应付发展和环境这两个关键问题的战略,必须认为是一种联合战略。

(5)我们认识到,这种复杂的世界性问题在很大程度上是由一些不能用可以测量的名词来表达的成分构成的。但是,我们相信,此项报告中所用的主要从量的方法, 对于了解这个疑难问题的作用方式是一种不可缺少的工具。我们希望这种知识会使我们能掌握问题的要素。

虽然一切主要的世界问题根本上都是有关联的, 可是人们还未发现任何方法可以有效地解决整体。我们所采用的方法。对于重新阐述我们关于整个人类困境的思想,非常有用。它使我们能说明人类社会内部以及人类社会和它的所在地之间必须存在的平衡,并能觉察到这种平衡受到破坏时可能发生的后果。

(6)我们一致认为,迅速根本纠正目前这种失去平衡的和危险地恶化的世界形势,是人类面临的主要任务。

然而我们目前的境况非常复杂,并且在很大程度上是人类多种活动的一种反映,以致没有一种把纯粹技术-经济或者法律措施和手段结合在一起的办法能够带来重大改进。需要一些完全新的方法把社会引向以平衡为目标,而不是以增长为目标。这样的一种改组将需要极大的理解力和想象力以及政治的和道德的决心。我们相信这种努力是可以做到的,并且我们希望本书的出版将有助于动员各种力量使其可能做到。

(7)这种最大的努力是对我们这一代的挑战。不能把它留给下一代。我们必须毫不迟延地坚决负起责任,意义重大的转变必须在这个十年中实现。

虽然这种努力起初可以贯注在增长所包含的一切上面,特别是人口增长上面,至于世界疑难问题的全部内容不久也必须着手解决。实际上,我们相信,这个世界需要社会革新来配合技术变化的形势很快就会变得明显,需要根本改革各级的制度和政治组织,包括最高的组织——世界政治组织。我们深信我们这一代会接受此项挑战,如果我们了解"无所作为"可能带来的严重后果。

(8)我们毫不怀疑,如果人类要开始走上一条新路,就必须以空前的规模和范围实行协同一致的国际措施和联合的长期计划。

这样的一种艰难的尝试要求所有的民族共同努力,不管它们的文化、经济制度或者发展水平怎样。可是主要的责任必须由比较发达的一些国家承担,并不是因为它们具有较广阔的眼界或者较多的人性,而是因为它们已经产生了增长的综合病症,现在仍然是支持这种病症进展的源头。随着人们对世界系统的情况和活动方式有了比较深透的认识,这些国家结果将体会到在一个根本上需要稳定的世界中,它们的高水平发展要能被人认为有道理或者可以容忍,只有这些发展所起的作用不是作为达到更高水平的跳板,而是作为一些示范的地区,从这里开始在世界范围内组织较为公平的财富和所得的分配。

(9)我们毫不含糊地支持这种说法:制止世界人口和经济增长的螺旋上

升,切不可导致世界各国经济发展的现状受到冻结。

假如这样的建议是由富国提出的，一定会被认为是新殖民主义的最后一幕。要实现一种具备全球性经济、社会和生态平衡的协调状态,必须是一种联合冒险事业,以共同信念为基础,对大家有益。需要经济上发达的国家发挥最大的领导作用，因为走向这种目标的第一步是要它们提倡减低它们自己的物质产量增长的速度,而另一方面要同时帮助发展中国家致力于较快地推进它们的经济。

(10)我们肯定地说,任何考虑周到的想要通过有计划的措施(而不是由于偶然的机会或者大变动)达到一种合理的和持久的平衡状态的尝试,必须以个人、国家和全世界各级根本改变价值观念和目标为基础。

这种改变也许已经略有影迹,不管多么微弱。可是我们的传统、教育、目前的活动和利害关系,将使此项改造必须经过艰苦斗争而缓慢进展。只有真正理解在历史上这个转折点，人类的情况才可能促使人们肯接受为了达到平衡状态而必须作出的个人牺牲以及政治和经济权力结构方面的变动。

选自[美]D.梅多斯:《增长的极限》,于树生译,商务印书馆,1984年,第12页、第30~31页、第34~35页、第45~48页、第142~149页。

2. 萨拉·萨卡[①]: 生态资本主义能够奏效吗?

资本主义的无效与浪费

现在,我们转到一个具体的问题。一种可持续的经济,包括转向这一经济的过渡期,必须是有效率的,不能允许浪费。当今资本主义的崇拜者也承认,就环境和资源的利用效率而言,资本主义存在效率赤字,而这一赤字必须被消除。但此外他们又宣称,如果允许自由运转的话,资本主义制度的效率最高。实际上,生态资本主义的最强有力论点,就是他们所宣称的市场价格机制的效率。但是,这一论点有效吗?

现在,我们先把下列问题放在一边,如贫富、分配正义、剥削、阶级冲突,等等。这些也都与效率有关(例如从经济角度看,罢工就不是有效率的)。我们只把现代经济体制对效率的最一般的期望与迄今观察到的资本主义的绩效做一下对比。

资本主义无效的最明显证据就是大范围的失业,这一现象除了繁荣顶峰时期以外,一直伴随着资本主义,尽管任何一个资本主义社会总是有一些对

---

①　萨拉·萨卡(Saral Sarkar),1936年生于印度西孟加拉,1982年移居联邦德国的科隆市。此后,他积极参与了德国的生态环境运动与绿党政治,并在随后发表了大量关于绿色与选择性政治的著述,其中有《西德的绿色选择政治》(1993/1994),从而逐渐成为当代欧洲生态社会主义理论的代表性学者之一。

社会有益的工作需要去做。在发达的资本主义社会里,没有失业者遭受饥饿的痛苦,但这一现象并不能证明它不是无效的。因为,这些人依靠别人的工作而生活,自己却拿不出任何东西作为回报,他们自身的工作能力处于无用状态——这是一种既不合理又无效的制度:不是劳动力的最佳分配。

其他的资源也被浪费:产品卖不出去;东西不得不毁掉以避免市场价格下跌;内在的陈旧性;无法修复的器械;巨额的广告开支,以销售那些根本卖不出去的产品;火车处于半空载状态,而数亿辆的汽车,每一辆车只装载着一个人,成千上万人在公路交通事故中致残致死;华而不实的包装;价值数十亿美元的投资由于破产而挥霍一空;来自葡萄牙的工人在柏林建造房屋,而德国的建筑工人却处于失业状态;无处不在的犯罪和恶意破坏的行为造成的巨额经济损失,以及为消除犯罪和破坏行为所花费的巨额开支——这些都是在所谓的效率与理性的体制里存在的浪费、无效和资源分配不当的例子。

有人也许会说,不可能完全避免无效与浪费,特别是在一个自由的社会里,关键的问题是,他们是否在资本主义社会里受到惩罚,就像在"社会主义"社会里那样得到奖赏。有人会说,在资本主义社会里,一个无效的企业当然会遭到亏本或破产的惩罚。的确如此,但是当我们进行体制的比较时,我们所比较的必须是整个经济的有效/无效程度,而不是一个个体公司。一个柏林的德国公司雇佣便宜的、移民过来的葡萄牙工人,当然效率极高。但是,失业的德国工人却是德国经济浪费与无效的证据。这是微观经济学与宏观经济学之间的差别。对生态学家来说,宏观经济学更为相关。

资本主义体制的逻辑

过多生产而造成的浪费,并非只是由于计算错误及其类似的人类错误。企业家是根据前一轮的生产与消费的价格信号进行工作的。但是,他们是在为下一轮的消费而生产。如果其他的条件保持不变的话,过去的错误可以得到纠正,情况可以得到改善。但在资本主义的市场经济中,一切都在变化,一切都不确定。计算失误和随后的浪费,因此是不可避免的。对过去产品的认知作用有限,因为新的产品可能会把它们挤出市场。

就解决失业问题而言,资本主义明显地严重无力,因为保留失业大军对资产阶级来说是最为有利的。它能够对实际工资产生下降的压力,使劳动力能够轻易获得,也使资产阶级能够随心所欲地雇用和解雇工人(除非受到法律和工会的阻挠)。

当然,欢迎和利用一种情形与引起那样情形并不是一回事。事业背后的一个重要因素,归根到底就是人口的增长,而人口的增长即使在没有资本主义的时候和地方也会发生。在20世纪60至70年代,"社会主义"的南斯拉夫曾经储存了大量的失业工人后备军。但是,资本主义的逻辑中内在着另外一个重要因素,利润最大化的动力和竞争的存在,不断驱使企业家去努力发明和/或引进"更好的"技术(或者各种自动化与理性化措施),违者则面临着破产威胁。这就导致了一个长期的趋势:用自动化的机械和计算机取代劳动力。这不仅能够使企业家具备战胜其竞争者的优势,而且,一般说来,会带来劳动生产率的增加,以及随之而来的一个社会的繁荣。基于同样的原因,"社会主义"社会也用机器取代劳动力。但是,"社会主义"社会的这一努力不存在强制,它不是"社会主义"的逻辑的一部分,人们只是渴求它。不能实现或没有实现自动化的"社会主义"企业,仍然能够正常运转并完成计划。

鉴于资本主义的这种逻辑,毫不奇怪,现代技术,特别是微电子技术,能够使大多数企业降低其单位成本并提高利润,但与此同时有数亿的工人失业。维持失业者和穷人的生存费用在很大程度上成为社会的成本,而用机器取代劳动者的好处却完全被个体企业所攫取。这样做的好处如此之大,以至于像莱斯特纳提出的生态资本主义的措施根本不足以驱使资产阶级去做相反的事情,即用劳动力取代机器。

据说,这样的事也是由于高工资,但那并非简单的只是一个工资多高的问题。与工人不同,一台机器在生病的时候不能得到全部工资,不能要求付薪假期、奖金和退休金,不必养活一个家庭,不能拒绝遵守命令,不能罢工,在晚上不需要睡觉。在资本主义社会里,劳动力不仅昂贵,而且是一个非常麻烦的生产要素,因为工人是人类。因此,人们希望通过生态税的改革来解决失业问题是没有事实依据的。而且,发达工业国家的高工资通常被当作是现代资本主义优越性的一个证据。如果为了给所有人创造就业机会而不得不降低工资,那么,这一证据将不再存在。

所有这些都是传统的左翼批评传统的资本主义的论点,但是,这里不得不提到,因为,首先,这些并没有随着"社会主义"的失败而不再有效;其次,生态资本主义仍然是资本主义。那么,五个最重要的目标怎么办呢?在资本主义的框架内能够使经济变得可持续吗?

对生态资本主义的批评的一个方面已经发生了根本的改变。我们不再批评资本主义从根本上束缚生产力。相反,今天的批评是资本主义已经很发达了,并且还在继续扩展,以至于引起了包括人类在内的许多生命的自然条件的严重退化。由于这一转换,传统左翼对资本主义的批评却是已经过时了,但并没有完全过时。资本主义继续从生理上和心理上使人类堕落,要把人们变成纯粹的赚钱机器。它的特定逻辑限制了人类和社会的更大潜能——不能产生利润的潜能。其基本原则——自私自利、贪婪和竞争——促动了犯罪。由于这个原因,而且正是在这方面,左翼对资本主义的批评仍然是正确的、重要的。它也关系到把当前经济转换成可持续经济的使命。正如某些生态资本主义的拥护者也同意的,如果不采用道德的方法,没有做好牺牲自我利益的准备,那么这一转型不可能实现。但显而易见的是,堕落了的人类不可能接受这种道德的方法并做出牺牲,就像工业国家的大多数公民针对这一转型的挑战所采取的阻挠性行动所表明的那样。

然而,还有一些深层的原因可以解释,为什么在资本主义的框架内可持续的生态经济或者向生态经济的转型无法实行。

资本主义的增长动力

资本主义的逻辑与可持续经济的逻辑二者之间,存在着根本性的矛盾。

非常明显,至少发达的工业经济要想变成可持续的工业经济,必须要有一个经济收缩的过程。但是,资本主义经济具有一种内在的增长动力。这有三个方面的原因:首先,企业家并不满足于只是赚取足够的生活所需。他们希望赚得更多。这就是为什么他们时刻准备着冒险;把赚来的钱再去投资,并且努力工作。其次,他们不或不能消耗完所有的利润,而是希望在下一年赚取更多的利润(贪婪)。这就是为什么他们将其利润的较大部分用来扩大企业。最后,存在着一种经济增长的外部强制。资产阶级不可能说"足够了"。如果一名资本家不利用大规模经济,他/她的竞争者就会这样做并把他/她挤出商业圈。在残酷竞争的资本主义世界有一条规律:优胜劣汰。所有的人都在努力扩张,最终的结果就是整个经济的扩张。

而且那被认为是正常的、好的。根本不需要一个负的增长率就会引发危机:增长率低于2%就是一种会导致成千上万人破产的危机。

尽管存在着上述矛盾,几乎所有的生态资本主义的拥护者还是相信,工业经济的生态现代化将促进增长,而且是可持续的增长。但是,如果由于非常具体的科学原因,已经工业化的经济增长是不可持续的,仅通过采用某些生态资本主义的对策,它也不可能变得可持续。

更仔细地观察可以发现,对某些人来说,这种信念基于不允许把"可持续"思想降低到单纯的环境质量层面。因此,皮尔斯等人写道,环境质量通常能够通过改善劳动者的身体健康、创造娱乐场所的工作机会、增加旅游等来促进经济增长。从短期看,确实如此,但是,长期的资源极限问题仍然存在。劳动者健康的身体本身即是一种价值。但是,如果劳动者要提高经济增长,那他就必须利用资源,而大多数的资源,至少在工业经济中,是不可再生的。这同样也适用于娱乐业和旅游业。皮尔斯等人还举出了不会损害臭氧层(装在喷壶里的)助燃剂和无铅汽油的例子。同样如此的是,如果经济增长的提高是"与(促进增长)的资本投资结合在一起",总的资源消耗就会上升,同时伴随着对环境的不利影响。

当然,可以用"可持续发展"和"生态现代化"来表示通过"效率革命"实现非物质化的意思。但是，正如弗雷德·拉科斯表明的那样，如果工业社会的资源消耗在50年内下降10倍，同时，年均经济增长率达2%，那么资源的生产率必须提高27倍。那是一个现实的希望吗？

······

生态马克思主义？

努力发展马克思主义，以便使其与生态的立场相协调，也是这里必须提及的。这种努力开始于指出马克思主义在生态危机和有限自然资源这两个问题上所存在的缺陷，并最终导致了"生态马克思主义"理论的创建。

让—保罗·德里格（Jean-Paul Deleage）从两个方面批评了马克思，一是说马克思脱离了"[他自己]用社会—自然界作为一个整体的概念所开辟的道路，这条道路能够导致对社会与自然因素之间互动的更深入的思考……"；二是说马克思提出了一种价值理论，这种理论把劳动力看作是价值的唯一来源，并"认为自然资源本身没有价值"。他问道：

> 一方面是经济的神秘化，即剩余价值形成的潜在机制，另一方面是马克思从未怀疑过的、从生态系统攫取的东西具有隐藏的成本，这两者之间难道不应该平等对待吗？难道生态成本思想的理论不应该与剩余价值思想的理论相提并论吗？

詹姆斯·奥康纳（James O'Connor）写道：

> 马克思几乎没有谈到资本限制自己的方式，即通过破坏它自身的社会环境条件从而增加成本和资本开支，由此威胁到资本带来利润的能力，即经济危机的危险……马克思从来没有根据事实来论证"自然的屏障"可能是资本主义制造的屏障……换句话说，资本主义可能存在着一种矛盾，这种矛盾会导致一种"生态的"危机与社会转型理论。

由此，他推导出的逻辑性结论是：“在晚期资本主义社会，可能有两条通向社会主义的道路，而不是一条。”

读者们也许会发现，我的理论接近于这些观点。但有所不同的是，尽管奥康纳（但不包括德里格）提到了资本主义与生态之间的矛盾，我（以及德里格部分的）相信，这一矛盾存在于任何类型的工业社会（今天还包括人口增长）与生态之间。当奥康纳让资本主义为今天的生态和社会危机负责的时候，很明显，他的立场是马克思主义的，而不是真正的生态主义的，因为他写道：“依次，我们可以用马克思主义的方式把‘短缺’引进经济危机的理论，而非新马尔萨斯的方式。”至少在这里，他似乎否认与生态和资源相关的增长极限的存在，“自然的屏障”独立于社会经济系统。

我感到遗憾的是，德里格和奥康纳在他们的文章中都没有明确地阐明，根据他们的生态马克思主义，什么类型的社会主义是可能的。在1994年发表的一篇评论中，奥康纳问道：“可持续的资本主义是可能的吗？”答案当然是不。但下一个问题应该是：社会主义能够是可持续的吗？奥康纳没有明确说明，如果晚期资本主义（发达的、工业的）社会要采用他的生态马克思主义的道路走向社会主义，那就必须有大幅度的经济收缩。

的确，这样一种走向社会主义的道路是非马克思主义的。当然，马克思对资本主义的分析将会因此而得到发展和丰富，即为马克思主义添加“资本主义的第二个基本矛盾”，这一矛盾来自于马克思所说的“生产条件”的无限供应的不可能性。但是，一种社会主义，如果不预设其生产力的发展达到发达的工业经济的水平，那它就不是一种马克思主义的社会主义。很难设想，如此深深植根于增长范式的马克思主义的社会主义，如何能够让它自身实现生态化。这是一个难题吗？尽管上面的结论，马克思主义的许多理论仍然是真理和富有教益，它们将能够延续下去，并且有助于我们。但是，拯救马克思主义不是我们的任务。

……

一些基本议题以及生态社会主义的立场

至此，我已经阐明了我所主张的生态社会主义类型的逻辑必要性。要在世界上成功建立可持续社会，这种类型的生态社会主义是唯一可行的社会经济框架。但是，这种生态社会主义包含哪些具体内容？它又为什么必须是那样呢？

马克思曾经说过，他不希望制订"未来食堂的菜谱"。那是非常明智的。我也不希望这样做。尤其难以想象，当所有的不可再生资源被消耗殆尽的时候，这个世界看起来到底怎样。好在对我们来说那不是非常迫切，而是未来几代人的任务。对我们来说，转型期更加重要。建立生态社会主义社会的工作必须从今天就开始，所以我们至少需要一些方向感。我尽可能做到这一点，但我只能解决一些相关的基本议题，追究细节没有意义。对一种方向感来说，轮廓就足够。

这些议题以及我在这些议题上的立场包括两个方面：首先，它们所涉及的生态社会主义是一个长期的模式；其次，它们所涉及的是转型时期的政策和实际措施——假定大多数人都认识到转型的必要性以及一个生态社会主义的总统或政党掌握了政权。在这两种情形中，我的观点很自然是推测的、抽象的、理论性的。尽管如此，它们已然来自于科学的事实。

失业和充分就业

······

在我主张的生态社会主义里，将不会有失业难题。第一，劳动密集型技术优先，这不仅因为它能够提供工作，而且因为这样的技术能够减少资源的消耗，从而对环境的不利影响较小。第二，即使在一个低水平的稳态经济中，也将有大量的必需性工作需要完成。食品、服装、住房以及像教育、卫生、邮政之类的服务，等等，必须要生产和提供。这将需要大量的劳动力，并将在那些能够工作的人当中公正分配。第三，一个生态社会主义政府将追求一种稳定的政策，然后降低人口。生态社会主义者必须统一保罗·埃尔利希（Paul Ehrlich）的观点，他对左翼说道："无论你的事业是什么，除非我们控制了人口，否则这项事业就是失败的。"第四，对生态友好的技术，如修理、再循环、再使用、人力除草代替你利用杀虫剂，都是劳动密集型的。

……

动机难题

既然生态社会主义不是市场社会主义，所以，作为动机来源的一些因素必须要排除，包括失业威胁、自私自利、竞争、亏损或破产的风险等。苏联使用的物质刺激也必须排除，因为在收缩的或低水平的稳态经济中，一些工人可以通过压低其他人的工资而得到更高的工资，而那将是社会主义的终结。至少在头三十年，曾经在苏联发挥了重要作用的革命热情和革命觉悟的感染力，现在不可能存在。因为，首先，生态社会主义不可能通过一次革命的爆发就能实现；其次，它不会努力去迅速建立起一个高度发达的经济。相反，它将逐步消除繁荣的经济，至少在第一世界是如此。作为必需，大多数人会接受这一点，但他们不可能热心于此。而曾经在苏联运用过的强制，那是社会主义的对立面。

那么，还剩下什么呢？一个低水平的、稳态的社会主义经济，如果没有真诚而有效的工作，同样不能运转。在我看来，除了提高道德——没有道德的提高，这一过程甚至不可能开始，似乎还有另外一个希望。既然生态社会主义的经济活动在很大程度上将是分散的，因而生产单位是小型的，地方社区在很大程度上是自我供应和自我负责的，那么，一个地方社区的福利将显而易见地依赖于每一个人的真诚工作，因而人们将会有一个真正的、客观的兴趣去真诚工作。

……

我认为，马克思主义者希望在共产主义社会，工作将成为"生命的第一需要"，并不荒谬。人们可以看到，一个失去工作的人感到多么的悲惨，尽管他或她可能获得充足的福利待遇。人们还可以看到,许多失业的或退休的人在协会或慈善团体中得到没有报酬却富有意义的工作时,是多么的快乐。我们可以看到,我们当中的许多人把废纸和空瓶子带到再循环用的垃圾箱时,是多么的高兴。既然我们可以在资本主义社会中看到这些,那为什么不能合理地期望,人们在一个生态社会主义社会中将更加真诚地工作,何况他们将为自己及其社区而工作,而不是为资产阶级。

经济、国家和计划

……让我们想象一下,在这样的形势下,如果企业没有被国有化,那将发生什么。因为计划,那些没有被关闭的企业当然能够出售它们被允许生产的任何东西,计划者制订的价格可能最终会使企业的收入超过其成本,就是说,它们能够获得一些利润。但是利润量和利润率——利润作为投资资本的百分比——将不断下跌直到达到稳定状态。金融意义上的资本将在很大程度上被毁灭——不仅包括那些先前投入到被关闭的企业里的资本,而且包括现在许多投入到那些允许继续运转但减少生产的企业里的资本。后者的股份价格不仅急剧下跌,而且这样的股份几乎找不到购买者。在这种情形下,没有私人或私人公司将新投资于任何企业。而且如果某些企业被关闭了,但却没有得到补偿金,却允许别的企业获取利润,那是不公正的。所以唯一公平的解决方案就是整个经济的国有化。

尽管金融意义上的资本将被毁灭,基础设施、工厂、机器、矿藏、森林和农业耕地仍然存在。它们仍然能够生产商品和服务。既然不需要它们的全部能力,它们将得到轮流使用。其中的一些,特别是机器,将被保存起来留作以后之用。

一旦收缩过程完成了,稳定状态达到了,计划和管理经济的任务将变得更加简单——部分由于把生产数量和商品种类降低十倍(在第一世界)。到那时,集中计划执行中的各种问题将被限制到最低程度。

……经济的分权计划和管理将是可能的,可取的。这样的分权应该超越省级层次,因为省这一个层面可能已然太大。如果较大范围的地区和地方的自我满足成为一个目标的话, 地区和地方社区层次上的管理和控制是可以设想的,也是必需的。到那时,这些利益相关或受到影响的人就会参与计划和管理过程,而这必然会提高计划经济的效率。

生产资料的所有权也能够被分散。地区和地方当局能够像正式的所有者那样行使职能。如果某些私人企业允许存在,国家就能够出租或甚至出售一些生产资料(但不是土地)给私营业主。财产而不是生产资料,可以在转型期开始时留给所有者拥有。但根据洛克和戴利的看法,只有通过个人努力获得的财产才是正当的,这样的财产在所有者死后将转给社会或国家。

私营企业?

生态社会主义的政府可能允许私营企业的存在, 但私营企业必须建立在他自己的和他或她的配偶以及成年的孩子的劳动基础上。他们不能雇用劳动力。一定数量的人可以组成一个真正的合作组,其中,所有的成员都亲自劳动并拥有相同的股份和平等的权利与义务。由于它们的原材料、中间产品和设备将由计划当局来分配, 特别是因为整个的经济处于一个低水平的稳定状态,所以这样的企业或合作社变富的可能性几乎没有。最多,他或她能比国家或集体企业里的人挣得稍微多些, 因为他或她劳动得更辛苦。而且,因为这样的企业都不允许扩张,所以需求提高只能吸引来新的业主。需求的下降将导致一些企业关门。事实上,在苏联的中央计划经济中,这种可能性就已存在,并已经表明了其优点。

分配、市场和配给

市场社会主义者认为,市场是不可缺少的,尤其在分配方面……因此,艾尔特维特断言,马克思主张的"自由人联合体",如果是一个"大众社会",没有市场的帮助,根本无法运转。

在我看来, 艾尔特维特的观点不适用于有着较低水平的稳态经济的生态社会主义社会。其一，这样的社会将不是一个大众社会。其二，该社会中的劳动力分工比今天工业社会中的劳动力分工要低得多。其三，它当然是民主的，但并不复杂。其四，与今天的德国相比，消费者可以得到的产品数量、品种和品牌是非常有限的。他关于生态社会主义政府在转型期开始时可能遇到困难的观点是正确的。但随着收缩的不断进展，困难的严重性会越来越轻。

……

在生态社会主义社会中，耐用品再循环利用、修理所构成的文化有助于减轻低产所引发的困难。分享消费者的耐用品和工具也能起到同样的作用。这必然会促进集体主义/社会主义的精神，预防那些分享紧缺商品的人发生琐碎的争吵。

毫无疑问，生态社会主义社会不可能满足所有消费者的愿望（这在发达的工业社会也不可能）。但是很多愿望将通过调查得到认可，最受欢迎的能够得到实现。就服装而言，消费者在生态社会主义社会要比在工业社会中处于一个更有利的地位——既然使用的是劳动密集型的裁缝技术，服装就能够做到量体裁衣，而不是工厂制造，就像今天欠发达国家中的情形一样，比如在印度。

小规模、大规模、主宰和民主

生态社会主义者之所以选择小单位，还有另外一个原因。在工业社会，工人控制企业（工人自我管理）的传统社会主义思想已经被证明行不通了，因为一般来讲，生产是在大的单位中大规模进行的。如果没有工人对较高权威的服从，这种生产是不可能的。那是恩格斯的观点，尽管他肯定赞同马克思把社会看作是"休戚相关个体的自由联合体"的思想。他在一篇题为"论权威"的文章中谈到，与"不依赖任何社会组织的真正专制"相关联，"一定的权威和……一定的服从……与我们必须在其中生产与产品流通的物质条件一起，强加到我们身上"。他知道，大规模工业的发展正"逐渐趋向于扩大权威的范围"。我们已经知道，像高兹、诺夫等这样的现代作者持有与恩格斯相同的观点。

……

然而转型期的生态社会主义和稳态的生态社会主义社会之间，存在一个重要的差别。在前者，国家必须足够强大以保证一个有计划的、有秩序的撤退。因为非常可能的是，转型将必须面对一个强大的少数的抵抗。那些在其中失去太多的人，很可能会试图制造混乱。而且，政府不会为了安抚他们而做出让步。但是强大的国家，即使是民主地构成的，也不太符合生态社会主义民主的理想。民主既包括经济领域的民主，也包括民众在所有政治领域的参与。在转型期我们必须要容忍这种矛盾，因为像那些幼稚的无政府主义者那样拒绝任何阶段的任何权威，只会从刚一开始就毁掉一切。至于这一强权国家的具体形式以及它如何处理民主原则，我们目前还很难确定，也不需要给予明确描述。那将是数代之后人们面临现实需要时要做的工作。

选自［印］萨拉·萨卡：《生态社会主义还是生态资本主义》，张淑兰译，山东大学出版社，2008年，第182~187页、第244~246页、第254~255页、第260~264页、第266~267页、第271~273页。

3. 约翰·贝拉米·福斯特①：

新陈代谢断裂

在李比希的影响下——马克思特意研究了李比希，他在科学笔记中大量的摘录了李比希的著作——马克思开始系统地批判资本主义对土地的"剥削"（在掠夺的意义上，也就是，无法维持再生产的资料）。因此，马克思关于资本主义农业的两个主要讨论都结束于对大规模工业和大规模农业如何一起使土壤和工人陷于赤贫状态的解释。这些批判都浓缩在《资本论》第三卷马克思对待"资本主义地租的产生"的结尾处的著名段落中，他写道：

> 大土地所有制是农业人口减少到不断下降的最低限度，而在他们的对面，则造成不断增长的拥挤在大城市中的工业人口。由此产生了各种条件，这些条件在社会的以及由生活的自然规律决定的物质变换的过程中造成了一个无法弥补的裂缝。于是就造成了地力的浪费，并且这种浪费通过商业而远及国外（李比希）……大工业和按工业方式经营的大农业一起发生作用。如果说他们原来的区别在于，前者更多的滥用和破坏劳动力，即人类的自然力，而后者更直接的滥用和破坏土地的自然力，那

---

① 约翰·贝拉米·福斯特（John Bellamy Foster，1953— ），美国生态马克思主义学者，俄勒冈大学社会学系教授，每月评论（Monthly Review）的主编。面对全球性的生态危机，深入挖掘马克思思想中的生态思想，指出马克思生态学的当代价值，提出了解决当代生态问题独特的方法。他的代表作品包括：《马克思的生态学——唯物主义与自然》（2000年）、《脆弱的星球》（1999年）等。

么，在以后的发展进程中，二者会携手并进，因为农村的产业制度也使劳动者精力衰竭，而工业和商业则为农业提供各种手段，使土地日益贫瘠。

在《资本论》第一卷关于"大规模的工业和农业"的讨论中，马克思提供了紧密相连而且同等重要的对资本主义农业进行批判的精华内容：

> 资本主义生产使它汇集在各大中心的城市人口越来越占优势，这样一来，它一方面聚集着社会的历史动力，另一方面又破坏着人和土地之间的物质变换，也就是使人以衣食形式消费掉的土地的组成部分不能回到土地，从而破坏土地持久肥力的永恒的自然条件。但是资本主义生产在破坏这种物质变换……的状况的同时，又强制地把这种物质变换作为调节社会生产的规律，一种同人的充分发展相适应的形式上系统的建立起来……资本主义农业的任何进步，都不仅是掠夺劳动者的技巧的进步，在一定时期内提高土地肥力的任何进步，同时也是破坏土地肥力持久源泉的进步……因此，资本主义生产发展了社会生产过程的技术和结合，只是由于它同时破坏了一切财富的源泉——土地和工人。

来源于马克思《资本论》中的以上两段文字——第一段结束于第三卷他对资本主义地租的讨论，第二段结束于第一卷他对大规模农业和工业的论述——所共同关注的是"人和土地之间的物质变换"的"断裂"这个中心理论概念，也就是说"由生命本身的自然规律所决定的社会新陈代谢"，因为对土壤构成成分的"掠夺"，需要"系统性的恢复"。这种矛盾通过资本主义条件下大规模工业和大规模农业的同时增长而发展起来，前者为后者提供了加强对土地进行剥削的手段。和李比希一样，马克思认为，食物和服装纤维的长距离贸易使土地的构成成分的疏离问题变成了一个"不可修复的断裂"问题。对马克思来说，这是资本主义发展的自然过程的一部分。正如他在1852年所写的那样：土地应该成为市场的商品，并按照贸易的一般规律来经营。

应该有纺纱业和棉织业工厂主,也应该有食品业工厂主,而贵族地主却不应该再有。

……

马克思对这个领域进行理论分析时所使用的主要范畴是新陈代谢概念。德语中的"Stoffwechsel"一词在它的基本含义中就直接地表达了物质交换这个观念——它构成"新陈代谢"一词所包含的生物生长和衰落的组织过程这种观念的基础。在他关于劳动过程的定义中,马克思把新陈代谢概念作为他整个分析系统的中心,他把对劳动过程的理解,根植于这一概念之中。这样在他对劳动过程的一般(相对于它在历史上的特殊表现形式)定义中,马克思利用新陈代谢概念来描述劳动中人和自然的关系:

> 劳动首先是人和自然之间的过程,是人以自身的活动来引起、调整和控制人和自然之间的物质变换的过程。人自身作为一种自然力与自然物质相对立。为了在对自身生活有用的形式上占有自然物质,人就使他身上的自然力——臂和腿,头和手运动起来。当他通过这种运动作用于他身外的自然并改变自然时,也就同时改变他自身的自然……[劳动过程]是人和自然之间的物质变换的一般条件,是人类生活的永恒的自然条件。

……

马克思的成熟作品中贯穿着新陈代谢概念,尽管背景有所不同。在1880年他最后的经济学著作《关于阿·瓦格纳的笔记》中,马克思强调了新陈代谢概念在他对政治经济学进行全面批判中的中心地位, 指出,"在说明生产的'自然'过程时,我也使用了这个名称,指人与自然之间的物质变换"。他强调,在商品流通中,"以后形式变换的中断,也是作为物质变换的中断"。在马克思的分析当中,经济循环是与物质变换(生态循环)紧密地联系在一起的,而物质变换又与人类和自然之间新陈代谢的相互作用相联系。他写道:"在化学过程中,在由劳动调节的物质变换中,到处都是等价物(自然的)相交换。"基于物质变换的普遍特性——在此基础上,资本主义经济中的正常的经济等价物的形式交换只不过是一种异化的表现形式。马克思在《政治经济学批判手稿(1857—1858)》中谈到,在一般的商品生产中"才形成普遍的社会物质交换,全面的关系,多方面的需求以及全面的能力的体系",这是他在广义上使用新陈代谢这个概念。

因此,马克思在两个意义上使用这个概念,一是指自然和社会之间通过劳动(在他著作中这个词汇在通常背景下的用法)而进行的实际的新陈代谢相互作用;二是在广义上使用这个词汇,用来描述一系列已经形成的但是在资本主义条件下总是被异化的再生产出来的复杂的、动态的、相互依赖的需求和关系,以及由此而引起的人类自由问题——所有这一切都可以被看作人。所有的一切都可以被看作与人类和自然之间的新陈代谢相联系,而这种新陈代谢是通过人类具体的劳动组织形式而表现出来的。这样,那些概念具有特定的生态意义,也有广泛的社会意义。

……

更为重要的是,新陈代谢概念为马克思提供了一个表述自然异化(以及它与劳动异化的关系)概念的具体方式,自然异化概念在他早期著作的批判当中,居于核心地位,如他在《政治经济学批判手稿(1857—1858)》中所解释的那样:

> 不是活的和活动的人同他们与自然界进行物质变换的自然无机条件之间的统一,以及他们因此对自然界的占有;而是人类存在的这些无机条件从这种活动的存在之间的分离,这种分离只是在雇佣劳动与资本的关系中才得到完全的发展。

这其中包含了马克思对资产阶级社会异化特性进行全面批判的精髓。根据蒂姆·海沃德(Tim Hayward)的观点,马克思的社会-生态学新陈代谢概念：

　　　　抓住了同时作为自然和肉体存在的人类生存的基本特征：这些包括了发生在人类和他们的自然环境之间的能量和物质交换……这种新陈代谢，在自然方面由控制各种卷入其中的物理过程的自然法则调节，而在社会方面由控制劳动分工和财富分配等的制度化规范来调节。

假如他把新陈代谢概念——通过劳动建立人类和自然相互连接的复杂的、相互依赖过程——作为他理论的中心，我们就不会对这一概念也在马克思关于生产者联合起来的未来社会的设想中起到中心作用而感到奇怪，他在《资本论》第三卷中写道："这个领域内的自由（自然必然性的自由）只能是：社会化的人，联合起来的生产者，将合理的调节他们和自然之间的物质变换，把它置于他们的共同控制之下，而不让它作为盲目的力量来统治自己；靠消耗最小的力量，在最无愧于和最适合于他们的人类本性的条件下来进行这种物质变换。"

　　……

恩格斯在《反杜林论》（1877—1878）中指出了新陈代谢概念在这几十年中被普遍应用的事实——尽管李比希确实起了非常重要的作用，但是，仍然不能把这个词的用法归功于任何一位思想家。恩格斯写道："近30年来，生理化学家和化学生理学家已经无数次地说过，有机体的新陈代谢是生命的最一般的和最显著的现象。"后来，他又在《自然辩证法》中——在对李比希、赫尔姆霍兹以及廷德尔的讨论中，他们三位都对科学在19世纪40年代和50年代向热力学的转变做出了贡献——补充道："生命是蛋白体的存在方式，这个存在方式的基本因素在于和他周围的外部自然界的不断地新陈代谢，而且这种新陈代谢一停止，生命就随之停止，结果便是蛋白质的分解。"（对恩格斯来说，这种新陈代谢交换构成了生命的原始状态，甚至在一定意义上是它的"定义"——"但是这既不准确，又不详尽"。而且即使没有生命存在，也会遇到物质交换。）因此，似乎没有真正的理由来推测，马克思在19世纪50年代至60年代对这一概念的使用主要是从摩莱肖特那里吸收过来的（或者完全就是从摩来肖特那里吸收过来的）。

马克思对可持续性的分析

构成新陈代谢概念的一个本质内容永远都是这种观念，也就是他构成了人类生活所必需的相互作用的复杂网络得以持续以及生长成为可能的基础。马克思运用了"断裂"的概念，以表达资本主义社会中人类对形成其生存基础的自然条件——马克思称之为"是人类生活的永恒的自然条件"——的物质异化。

对马克思来说，在社会层面上与城乡对立分工相联系的新陈代谢断裂，也是全球层面上新陈代谢断裂的一个证据：所有的殖民地国家眼看着他们的领土、资源和土壤被掠夺，用于支持殖民国家的工业化。李比希曾经认为，"大英帝国掠夺所有国家的土地肥力"并把爱尔兰作为一个极端的例子，马克思继李比希之后写道："英格兰间接输出爱尔兰的土地……可是连单纯补偿土地各种成分的资料都没有给予爱尔兰的农民。"

因此，得出如下结论就是不可避免的：在人类与土地的自然关系中，马克思对资本主义农业以及新陈代谢断裂的观点，导致他得出较为宽泛的生态可持续概念——他认为这种观点对于资本主义社会来说具有非常有限的实用性，因为资本主义不可能在这一领域应用理性的科学方法，但是这种观点对生产者联合起来的社会来说却是不可缺少的内容。

……

由于不了解马克思研究可持续性问题的方法，一种更加广为人知的对马克思的批判认为：马克思是涉嫌否认自然界在财富创造中的作用，原因是马克思构建了劳动价值论，而劳动价值论则把所有来源于自然界的价值，以及把自然都看作资本的免费馈赠。然而这种批判是建立在对马克思经济学的根本误解的基础上的，把土地作为自然对资本的馈赠，这种思想是马尔萨斯在马克思很久之前就提出来的。虽然把这种情况作为资本主义生产的现实接受下来，但是，马克思却意识到深藏于这种观点中的社会和生态矛盾。在他的《1861—1863年经济学手稿》中马克思再三批判了马尔萨斯，认为他退回到把环境看作自然对人类的恩惠的重农学派的观点，但却没能察觉到这与资本所形成的特定的历史社会关系是如何相联系的。

然而，古典自由政治经济学的这个原则在伟大的经济学理论家阿尔弗雷德·马歇尔的著作中则被搬到了新古典主义经济学中，并且在新古典经济学教科书中一直保持到20世纪80年代。因此在坎贝尔·麦克康奈尔（Campell McConnell）所编写的一本广泛应用的经济学入门教材的第十版中有如下陈述："土地意指所有的自然资源——所有自然的免费馈赠——所有这一切，在生产过程中都是可用的。"而且之后我们还会发现："土地没有生产成本，它是免费的、不可再生的自然馈赠。"

当然在资本主义价值规律之下，马克思同意古典自由政治经济学关于土地没有价值的观点。他写道："土地……生产一种使用价值，一种物质产品例如小麦时，土地是起着生产因素的作用的。但它和小麦价值的生产无关。"小麦的价值和资本主义条件下的任何商品一样，产生于劳动。然而，对马克思来说，这仅仅是指非常狭窄的、缺乏创意的财富观念，这种观念与资本主义商品关系和围绕交换价值而建立的制度相关联。他认为真正的财富由使用价值构成，使用价值是产品的一般特征，超越了特定的资本主义形式。确实，马克思正是把资本主义所造成的使用价值和交换价值之间的矛盾看作是所有资本的辩证法中最重要的矛盾之一。自然对使用价值的产生有所贡献，就像劳动一样，都是财富的源泉，即使它对财富的贡献被这个制度所忽视。的确，劳动最终可以归于这种自然财产，这个命题深藏于唯物主义传统之中，而这种传统可以追溯到遥远的伊壁鸠鲁。马克思在《资本论》中写道："卢克莱修说，无中不能生有，这是不言而喻的，价值创造是劳动力转化为劳动。而劳动力首先又是已转化为人的机体的自然物质。"

……

马克思并不像诺弗所说的那样,认为自然资源是取之不尽的,以及生态上的富足可以简单的由资本主义生产力的发展而得到保证。马克思再三坚持认为,资本主义为农业生产中的长期问题所困扰,这一问题最终可以追溯到生产组织的不可持续方式。马克思认为,一般来说,农业"如果自发地进行,而不是有意识地加以控制……接踵而来的就是土地荒芜,像波斯、美索不达米亚等地以及希腊那样"。

马克思意识到工业所产生的大量排泄物,强调要减少和再利用排泄物,特别是在《资本论》第三卷中题为生产排泄物的利用那一节中。他更进一步地详细指出,这些困难将继续困扰着任何试图建立社会主义或者共产主义的社会。这样,尽管一些像安德鲁·麦克劳林那样的批评者认为,马克思把"一般的物质丰富作为共产主义的基础",因此"看不到任何承认把自然从人类的统治中解放出来的重要性的根据",但是,这与马克思文章本身中的无可辩驳的证据相矛盾,在马克思的著作中,他对生态极限和生态可持续性问题表现出深切的关注。

另外在马克思卷帙浩繁的文集中,任何一点表明:他相信与土地的可持续性关系也会随着向社会主义的转变而自动地产生。相反,他强调在这方面需要计划,首先需要旨在消灭城乡之间对立劳动分工的措施。这还包括人口更为均匀的分布,农业和工业的结合,以及通过土地营养物质循环而实现的土地恢复和改良。所有这一切都需要对人类和土地之间的关系进行革命性的转变。马克思发现,资本主义"同时为一种新的更高级的综合,即农业和工业在他们对立发展的形势的基础上的联合,创造了物质前提"。然而为了达到这种更高级的综合,他认为在新社会里联合起来的生产者"合理地调节他们和自然之间的物质变换"是必要的——这是一个对革命后的社会提出根本的不断挑战的要求。

选自[美]约翰·贝拉米·福斯特:《马克思的生态学:唯物主义与自然》,刘仁胜、肖峰译,高等教育出版社,2006年,第171~177页、第179~180页。

4. 詹姆斯·奥康纳①：
资本主义的双重矛盾与生态危机

两种类型的危机理论

传统马克思主义的经济危机及向社会主义转型的理论,其出发点是资本主义的生产力与生产关系之间的矛盾。这种矛盾的一个特定形式是价值与剩余价值的生产与实现(或被剥削)之间的矛盾,这是资本的生产与周转之间的矛盾中的一种。社会主义革命的动力来自于工人阶级。资本主义的生产关系构成了社会转型的最直接目标,这种社会转型具体体现在政治制度、国家及生产和交换过程的转变上。

与此相反,在经济危机及向社会主义转型问题上的生态学马克思主义理论,其出发点则是资本主义生产关系(及生产力),与资本主义生产的条件,或者说"社会再生产的资本主义关系及力量"之间的矛盾。

马克思对生产条件的三种不同类型作出了界定。第一种是"外在的物质条件",或者说是进入到不变资本与可变资本中的自然要素。第二种是"生产的个人条件",它指的是劳动者的"劳动力"。第三种是马克思所说的"社会生

---

① 詹姆斯·奥康纳(James O'Connor 1930—　),美国新马克思主义经济学家,曾在美国圣劳伦斯大学学习,获哥伦比亚大学文学学士和哲学博士学位。先后在巴纳德学院、圣路易斯的华盛顿大学、圣约翰的加利福尼亚大学执教,《资本主义、自然、社会主义》主编及合作创办人、"政治生态学研究中心"主任。他最重要的生态马克思主义著作是《自然的理由:生态学马克思主义研究》(1997年),揭示了环境危机和社会危机对资本主义本身构成了越来越大的威胁。

产的公共的、一般性的条件",譬如"运输工具"。

今天,"外在的物质条件"被置放在生态系统的可持续性、大气中臭氧含量的足够性、海岸线及分水岭的稳定性、土地、空气及水资源的质量等问题的语境中来加以讨论。"劳动力"被置放在劳动者的身体及精神状况、劳动者社会化的程度及类型、劳动关系的异己性及劳动者克服这种异化的能力、作为社会生产力及总体性的生物有机体的人类自身等问题的语境中来加以讨论。"公共的条件"被置放在了"社会资本""基础结构"及其他一些因素(包括最近才有人提出的"社区资本")的语境中来加以讨论。暗含在"外在的物质条件""劳动力"及"公共的条件"这些范畴中的,是空间及"社会环境"的范畴。因此,我们把"都市空间"("都市的资本化了的自然")以及其他的空间形式包括在生产条件的范畴中,这些空间形式规范着人们与"环境"之间的关系,同时,其本身也被这种关系所规范,而这又反过来促进了社会环境的形成。简而言之,生产条件包括商品化或资本化了的物质和社会行为,当然,商品的生产、分配与交换(严格意义上的)本身除外。

资本主义的生产关系(以及生产力)与生产条件之间的这种特定形式的矛盾,同时也存在于价值与剩余价值的生产与实现之间。"新社会运动"或包括生产内部的斗争在内的社会斗争是社会转型的重要力量, 上述这种生产内部的斗争主要是围绕着工作场所的健康与安全、有毒废弃物的生产与排放、自然资源及都市空间的利用等问题而展开的。生产条件的再生产的社会关系(譬如,作为社会关系之结构性体现的国家与家庭,以及就发生在资本主义生产内部的"新斗争"而言的生产关系本身),构成了社会转型的直接目的。这种转型最直接地体现在生产条件(譬如家庭内部的劳动分工、土地的使用模式以及教育等)的生产与再生产的客观过程,和生产过程本身之中,这当然也是就发生在资本主义工厂内部的新斗争而言。

在传统的马克思主义理论中, 价值的生产与实现之间的矛盾以及经济危机是以"实现维度上的危机",或者说资本的生产过剩的形式来表现出来的。而在生态学马克思主义的理论中,经济危机则是以"流动性危机",或者说资本的生产不足的形式表现自身的。在传统理论中，经济危机是一口"大锅"，资本在其中对生产力和生产关系进行重新整合，以使这两者不管在形式上还是在内容上，都更为社会化。譬如，通过合并而获利、具有预示性的规划、公司的网络化运行、民族化、利润共享的模式，等等。在生态学马克思主义的理论中，经济危机虽然也是一口"大锅"，但资本在其中的重组的却是生产的条件，是为了让各种生产条件在内容和形式上都呈现出更为社会化的特征，譬如，可持续性生产的森林、垦荒、对区域性土地的使用和资源的规划、人口政策、健康政策、劳动力市场的规范化、有毒废弃物排放的管理，等等。

在传统的理论中，生产力和生产关系的更为社会化的形式的发展，被认为是向社会主义（生产模式）转型的必要条件，而不是充分条件。在生态学马克思主义的理论中，生产条件的更为社会化的供应模式的发展同样也被认为是向（生态学）社会主义转型的必要条件，而不是充分条件。但"生态学社会主义"与传统马克思主义对这种模式的想象在内容上是有很大不同的。第一，从生产条件的角度来看，大多数"生态学社会主义"的斗争具有很强烈的、独特的、有时也是"浪漫主义的反对资本主义的"维度，因而，它们在本质上是"防御性的"，而不是"进攻性的"；第二，一个非常明显的事实是，资本主义的很多技术、劳动形式以及物质发展过程本身的意识形态，已经演变成了一种问题，而不再是解决问题的方法。总而言之，"通往社会主义的道路"可能有两条，而不是一条，或者更为准确地说，有两种趋势都能够导致生产力、生产关系、生产条件以及这些条件的生产和再生产的社会关系的社会化程度的增加（虽然从具体的历史过程来看，也许有相反的情况发生）。

……

走向一种充满危机的资本主义制度的生态学马克思主义阐释

"生态学马克思主义"的出发点是资本主义的生产力和生产关系与生产条件之间的矛盾。不管是人类的劳动力、外在自然界还是基础设施（包括这一范畴在空间和时间双重维度上的内容），都不是为了资本主义而被生产出来的，尽管在资本眼里，这些生产条件只不过是商品或商品化的资本。正是由于一方面，这些生产条件不是为了资本而被生产和再生产出来的，可另一方面，它们又好像就是为了资本而被买卖和利用的，所以，这些条件的供应（质的和量的方面、时间和空间的方面）就必然会由国家来进行管理，并把它们当作国家的所有物。虽然自然的资本化意味着有更多的资本进入生产条件的领域（譬如，人造林的建设、经过基因选择了的物种、私人的邮政服务以及以证书为目的的教育等），但国家会把自身置于资本与自然之间（或者说对之进行调整），这种做法的一个直接结果是资本主义生产条件的政治化。这意味着，资本是否能够以其所需的质量和数量要求、在恰当的时间和地点获得原料、所需的技术性劳动力以及有用的空间及基础设施的构型，要取决于以下这些因素：资本的政治力量、对生产条件的特定的资本主义形式进行挑战（譬如，在把土地当作生产资料还是消费资料的问题上的斗争）的社会运动的力量、对生产条件的使用及界定问题上的斗争进行调节或审查的政府机构（譬如，对城市进行分区制管理的委员会）的作用，等等。除了那些管理货币、法律与次序以及某些外交事务（即与涉足国外的原料及劳动力资源没有明显的联系的那些外交事务）的政府部门之外，每一个政府机构以及每一种政党的行为都可被视为资本与自然（包括人类本身以及空间在内）之间的相互作用的产物。简而言之，资本在积累过程中是否会碰到"外在性的障碍"（包括以就生产条件的界定及使用所展开的新社会运动的形式而出现的外在性障碍，即处在内在的或特殊的与外在的或一般的障碍之间的"社会性的障碍"），这些"外在性的障碍"是否会以经济危机的形式表现出来，经济危机是否会以有利于资本的方式，还是会以不利于资本的方式得到解决，所有这些问题都首先是社会政治及意识形态的问题，其次才是社会经济的问题。这是因为（正像我们在第7章中所说的那样），生产条件（与生产过程本身不同）在本质上已经被政治化了，通达自然界的途径被各种斗争所中介，外在自然界本身所具有的政治身份及主体性处于缺失的状态。劳动力（以及所在的社团）也只是围绕着他们自身的福利条件以及广义上的社会环境而展开斗争。

生态学马克思主义对充满危机的资本主义的阐释，重要聚焦在资本主义的生产关系和生产力，通过损害或破坏，而不是再生产其自身的条件（这里的"条件"是从社会的和物质的双重维度上来加以界定的），而具有的自我毁灭的力量的问题上。这种阐释着重分析的是对劳动的剥削以及资本的自我扩张的过程、国家对生产条件的供应的管理、围绕着资本对生产条件的利用与滥用而进行的社会斗争等问题。对其中的主要问题——资本通过破坏其自身的生产条件，是否给自己设置了发展的障碍或限制？——的回答，不仅需要站在交换价值的维度上，而且还需要站在特定的实用价值的维度上。这是因为，生产条件不是作为商品而被生产出来的，因此，与此相关的一些问题就必然是"个案式的"，譬如，个人的身体就是一个独特的"个案"。对第二个问题——资本为什么会损害其自身的条件？——的回答，必须立足于对资本的自我扩张理论、资本所有的趋向于否定个案性原则的普遍化趋势，它在劳动力所有权、外在自然及空间等方面的缺乏，以及由此而来的（在没有国家或垄断集团的资本主义计划的前提下）资本在阻止自己损害自身的条件方面的无能等问题的研究。第三个问题——那些反对损害生产条件的社会斗争（这些社会斗争对自然的资本化进行抵制，譬如就环境、公共健康、职业健康及安全、城市问题等所展开的社会运动）为什么有可能会损害资本的灵活性和可变性？——则需要放在围绕着从使用价值和交换价值的双重维度来界定的条件而展开的斗争的理论层面上来加以回答。

……有理由相信，用于保护或重建生产条件的总支出，也许会在社会的总产出中占有二分之一，甚至更多的份额——从自身不断扩张的资本的角度来看，所有这些都是非生产性的开支。这些非生产性的支出（以及那些预期在将来所要花去的费用）能否与当今世界普遍盛行的信用及借贷体制联系起来？能否与虚设资本的增长联系起来？能否与国家的财政危机联系起来？能否与生产的国际化联系起来？传统马克思主义的危机理论把信用/借贷的结构解读为资本生产过剩的结果。而生态学马克思主义理论则把这种现象解读为资本的生产不足以及对所创造出来的资本的非生产性利用的结果。这些不同的理论倾向之间是一种相互加强还是一种相互抵消的关系？如果我们不抱理论偏见的话，那么很显然，这一问题非常值得加以认真地研究。

……简而言之，危机有力地促使了资本与国家对生产条件实施更为有力的控制或更为有效的计划（对资本本身的生产与流通也起同样的作用）。我们几乎可以确信，全球资本主义这种新的体制的第一次主要的危机，将会给那些新的具有国际性计划的结构（譬如，那些已经存在于国际性银行业中的机构）带来机遇。危机会促进变动性的计划以及有计划地变动性的新形式的出现，这些新形式将加大一种更具变动性的资本主义与一种更具计划性的资本主义之间的张力——其程度要比传统马克思主义立足于国家机构（渐渐地变成了国际性的机构）在生产条件的供应方面的核心作用，而对生产及流通过程的重建的阐释强得多。危机迫使资本及国家面对其自身的基本矛盾，这些矛盾后来被移植到政治的、意识形态的以及环境的维度之中（从直接的生产和流通领域中被移出了两次），在那里，它们被赋予了更为社会化的生产条件形式，这些生产条件有从物质形态的角度来界定的，也有从社会性的角度来界定的（譬如，在城市的发展、教育改革、环境计划以及其他的生产条件的供应形式方面的政治上的两党关系）。当然，在生产条件的维度（生产本身的维度上也一样）上，技术与权力无疑是相辅相成的，因此，政治写作的新形式所凸显出的，只可能是社会主义的初始前提。再者，除了在一种非常抽象的层次上之外，"社会主义的来临"是不可能具有先验性根据的。这里的关键在于，当资本主义通过政治和意识形态而转向生产条件的供应方面的更为社会化的形式时，它是自我解构或者说自我颠覆的。这种说法（就像当前的传统马克思主义阐释一样）是以下列观点为前提的：任何一种既定的作为生产条件的技术和劳动关系，都是不止一种的把这些条件再生产出来的社会关系相一致的，同样，这些社会关系中的任何一种既定形式，也都是与不止一种的作为生产条件的技术和劳动形式相一致的。因此，社会关系与生产条件的再生产力量之间的"一致性"就被界定为是非常松散的和易变的。在危机的过程中(在这一过程中,从根本上说,未来是不明确的),存在着一种双向的奋争,它不仅要使生产力维度上的新的生产条件适合于生产关系维度上的新的生产条件,而且还要反过来,使后者适合于前者。当然,使生产力维度上的生产条件适合于更为社会化的形式,这绝不是意味着资本主义存在一种向社会主义发生自我转变的"自然"趋势。譬如,城市的规划机制,也许可以说成是在一定的政治条件下向社会主义所迈出的一步,但仅此而已。的确,这是朝向生产条件的供应的更为社会化的形式迈出了一步,并从而至少使社会主义变得更加让人能够理解。地区性的交通网络、卫生保健服务以及生态区域性的水资源分配(以此为例)或许可以,但或许不可以被视为向社会主义迈出了一步,不过,它们显然是向生产条件的供应的更为社会化的形式迈出了一步。

……

在任何一种情况下,由危机所导致的生产条件方面的变化,都必然会带来更多的国家控制、大型资本集团内部的更多的计划性以及一个在管理或组织方面更具社会性和政治性的资本主义,即一个更少具有似自然性的资本主义。在这种资本主义中,生产条件方面的变化将更具有政治性,它们将会被合法化——资本主义的具体化过程在其中将更显清晰。受到危机冲击的资本把更多的成本外化,为了流通领域中的价值的实现而对技术和自然进行肆无忌惮的利用,以及与此相类似的其他因素组合在一起,迟早将导致"自然的反抗",即以种植对生态的破坏为宗旨的强有力的社会运动。尤其是在当今的危机时期,不管对其原因做出如何的理论阐释,资本总是试图缩短生产和流通的周期,这无疑会使环境主义的实践、健康及安全的实践等方面的情况变得更糟。因此,资本的重构会加深、而不是解决生态的困境。正像资本对其自身的市场(譬如,获得性利润)的破坏一样,剩余价值的生产越是加大,资本对其自身的生产性利润的损害(譬如,增加成本和降低资本的灵活性)越是加剧,剩余价值的生产就越是建立在对广义的自然界的破坏性利用的基础上。正像生产过剩的危机蕴含着对生产力和生产关系的重构一样,生产不足的危机所蕴含的是对生产条件的重构。同样,正像对生产力的重构意味着更为社会化的生产关系形式一样(反之亦然),对生产条件的重构意味着一种双向的作用——更为社会化的生产力维度上的生产条件形式,以及更为社会化的社会关系形式,生产条件就是在这种社会关系中被再生产出来的。简而言之,更为社会化的生产关系形式、生产力形式以及生产条件形式总合在一起,便内含着一种转向社会主义形态的可能性。这些东西实际上是由危机所导致的,这不仅是由于传统的生产力与生产关系之间的矛盾,而且也是由于力量/关系与其条件之间的矛盾。因此,有两种而不是一种类型的矛盾和危机内在于资本主义之中;同样,有两种而不是一种类型的由危机所导致的重新整合和重构(它们是以更为社会化的形式为发展方向的)内在于资本主义之中。

　　选自[美]詹姆斯·奥康纳:《自然的理由:生态学马克思主义研究》,唐正东、臧佩洪译,南京大学出版社,2003年,第257~259页、第264~266页、第267~268页、第270~271页、第274~275页。

5. 施密特①：
马克思的自然概念

人与自然的关系和乌托邦

马克思在这里揭示了从意识形态上歪曲人和自然的关系具有两个相互补充的方面。第一，赞美原始自然的直接性，以之为反动的敌视技术进步、维护资本主义以前的生产形式服务；这一点在1850年身处于落后德国的马克思看来，当然是更为重要的方面。但是，第二，对自然的意识形态的曲解，往后显然更加发挥其作用：在那些资本主义生产已经牢固地扎下根的地方，面对资本主义的不可容忍的掠夺，就把自然当作避难所加以赞美。对此，霍克海默尔和阿多诺在《启蒙的辩证法》中，从理论意识的立场把工业发展的极有害的辩证法的较近阶段加以概念化出发，作出了下述论断："由于社会的支配机构把自然作为和社会利益相对立的东西来把握，自然就被扭曲了，成为不可医治的东西，绿树、蓝天、飘浮的云彩都变成工厂的烟囱与加油站的代号。"

上述表明，马克思在这问题上所进行的争论，首先是批判对资本主义以前的宗法式生产的赞美，把资本主义的技术进步首先看成是启蒙的进步。至

---

① 阿尔弗莱德·施密特（Alfred Schmidt, 1931—2012），德国马克思主义哲学家，曾在法兰克福学派的霍克海默和阿多诺的指导下，从事哲学和社会学研究。《马克思的自然概念》（1962年）是施密特的代表作，此后，又陆续发表了《尼采认识论中的辩证法问题》（1963年）、《康德和黑格尔》（1964年）、《论辩证唯物主义中历史和自然的关系》（1965年）等著作。

于对另一方面,也即对征服自然的赞颂方面,马克思并不十分注意,这也是有历史原因的……

现今有这么一种倾向,即把马克思的理论解释为千福年说(世界末日后一千年间耶稣当再来治世之说——中译者注)和末世说,如果从这种传说来看,可以把马克思的关于人自身的自然以及人对外界自然的关系的理论叫作乌托邦,其内容既是朴素的,同时也是广泛的。说它是朴素的,是因为它认真地思考了不能消除的人的有限性与在世界内的人的可能性;说它是广泛的,是因为它取代了形而上学的说教,以其对具体自由的可能条件进行冷静的分析出现。马克思与黑格尔密切相通,在他看来,具体的自由存在于对社会的必然的东西的理解与精通之中。工人哲学家约瑟夫·狄慈根在致马克思的信中,非常确切地表述唯物史观的意义:"你第一次在清晰的无可争辩的科学形式中,阐明了今后历史发展的已意识到的趋向的存在,即社会生产过程的至今一直是盲目的自然力量,今后将听从于人类的意识。"

因此,关于马克思的唯物主义,我们应该回到本书第一章所提出的看法:这种唯物主义是批判的,而不是积极表白的东西。经济关系不应受到赞美,相反,应该使经济关系在人类生活中的作用衰退。正如恩格斯所说,人们在目前的历史中,被他们自身的社会力量的"异己支配"所支配,因此,在严格的意义上说,人还没完全从自然历史的条件下摆脱出来。在经济关系放任自流时,它作为盲目的自然力起作用,"但它的本性一旦被理解,它就会在联合起来的生产者手中从魔鬼似的统治变成顺从的奴仆"。人不只是在理论上发现那支配自己生活的规律,还同样学会在实践上支配这些规律,并能扬弃以往历史中成了牺牲品的"自然历史的"唯物主义。和许多故意的曲解相反,马克思的唯物主义以其自我扬弃为目标这一点,不能过分强调。关于这问题,马克思和恩格斯完全一致。但尽管如此,仔细看来,还是能看到二者之间在用什么方式来表述从资产阶级社会向社会主义社会过渡问题上,存在差异。

……

　　这两位著作家的看法是：人类的幸福并不只是依赖于技术对自然的支配程度，至关重要的，是凭借支配自然的社会组织来解决技术的进步是否是为了人类幸福。在恩格斯看来，随着生产资料的社会化，一切都变好了，这就从必然王国向自由王国转变了。但持怀疑态度的更为辩证法的马克思认为：自由王国不只是代替必然王国，同时它又把必然王国作为不可抹杀的要素保存在自己里面。建成更理性的生活，诚然要缩短再生产的必要劳动时间，但是决不能完全废除劳动。在这点上反映出马克思的唯物主义的二重性。他的唯物主义能在不可扬弃中被扬弃，他使自由与必然在必然的基础上相互调和。

　　纵然在无阶级的社会中，人与人之间已经不可能存在下述差别，即一部分人把大多数人作为自己占有自然的手段。但自然作为应予征服的物质，仍然成为处于联合体之内的人们的一个问题存在。正如已经多次提到的，马克思没有被那些归因于他或误用他的词句而进行的蛊惑宣传所左右，相反，他在《资本论》的许多地方坚持劳动不能废除的观点，"劳动过程……是制造使用价值的有目的的活动，是为了人类的需要而占有自然物，是人和自然之间的物质变换的一般条件，是人类生活的永恒的自然条件，因此，它不以人类生活的任何形式为转移，倒不如说，它是人类生活的一切社会形式所共有的"。

　　在马克思看来，人和自然之间的物质变换不以任何历史形式为转移，追溯它的过去，可以达到社会以前的自然历史的关系，因为它"作为生命的表现和证实，是还没有社会化的人和已经有某种社会规定的人所共有的"。正像马克思在《德意志意识形态》中所说的，"人们之间的物质联系"总是存在的，"这种联系是由需要和生产方式决定的，它的历史和人的历史一样长久……"
　　……

　　自然被人的目的降低为单纯物质而对人进行报复，结果，人只有通过不断增大对自身本性的压抑，才能取得对自然的支配，而这在本质上隶属于文明的发展，隶属于对自然的有组织的支配不断增大。劳动中的人与自然本能的分裂，反映在快乐原则与现实原则的不调和性中。尽管弗洛伊德立足于心理学而对社会主义极为怀疑，但是他洞察到所谓"一切文化都基于强制劳动和放弃本能"，最后使他和马克思同样，并不采取把一切都献身给理想的态度。在精神分析中隐含的乌托邦，例如被《幻想的未来》所暗示出来，而它在根本上就是"从内部发现的"马克思的乌托邦，"其关键之点是：减轻加在人身上的牺牲本能的负担，使人和必然残留的东西和解，这是否能如愿以偿地实现？并在怎样的程度上实现？"

确实，在乌托邦问题上，再一次极为清楚地表明，自然界对马克思来说，并不是什么积极的形而上学的原理。在《德意志意识形态》中已经说"精神受物质的'纠缠'"这是"倒霉的事"。人作为有生命的存在，直接和自然纠缠在一起，在人作为自然循环的一个肢体时，凡是降临在一切被创造物头上的，也降临在人的头上。人和动物一样是有死的，正如布莱希特说人是没有前途的。在人作为主体脱颖于自然而存在时，他们为了再生产自己的生命，既从事劳动否定自然，又必须和自然相对垒，这在任何社会形态下都意味着放弃本能与拒绝冲动。因而，特别是对于成熟时期的马克思来说，无论以统一的观点或是以差异的观点去考察人对自然的关系，都不可能将自然加以形而上学化。

在以往的历史中，自然支配的结果再次作为不受人所支配的社会过程中的自然强制出现。而正如恩格斯所说，在合理的人类组织中，由于人成为"自己的社会结合的主人"，就可能广泛地扬弃被社会制约的自然强制。尽管如此，但那时仍然留下的唯物主义已经"不是冷漠的和竞争的资产阶级的唯物主义。这种资产阶级的粗野的原子唯物主义"——不去管它的所有意识形态的誓言——"本来就是实践的宗教，现在亦然，而到那时，这种唯物主义的前提将丧失殆尽"。

在达到成熟的社会中，精神没有必要以"法师的庄重的"光晕来装饰自己。废除人对人的支配，以及代之而起的对生产过程的共同指导与事务管理，使得产生下述假象的社会必然性完全没有了：似乎精神在本体论上是终极的、绝对的东西。受启蒙的人们丝毫也不需要去蒙蔽他们自己或别人。他们看清了支配自然的历史同时也是依附自然的历史，同样认识到精神在历史上所起的作用，甚至认识到如果没有对自然的支配，就不能认为精神面对千变万化的自然仍能继续把自己作为一个统一的东西来维持；没有了对自然的支配，也就不可能有未来。精神作为完全不了解自己的东西，它就完全和盲目的自然纠缠在一起，因为它本身还没有变成内在的东西。"精神宣告自己是自行支配的，而通过判决，把精神归还给自然，就使精神消失其支配自然的要求，成了自然的奴隶。"如果凝固成自然的生活过程转化成社会化的人的有意识、有计划的行动时，那么虚假的意识的存在方式就应该消灭。马克思把虚假意识区分为两种根本形式，即神话与意识形态。神话否定性地受经济制约，在古代社会不发达的生产阶段，神话是和尚未被理解的外在自然相对应的。"任何神话都是用想象和借助想象以征服自然，支配自然力，把自然加以形象化；因而，随着这些自然力实际上被支配，神化也就消失了。"

在神话中，表现出未被支配的物理的自然之强制性，而在意识形态的各种形式中，则反映着人的各种关系的异化，反映着这些关系被物化而成为难以看清的支配人的命运的阴暗的力量，"正像人在宗教中受他自己头脑的产物的支配一样，人在资本主义生产中受他自己双手的产物的支配"。

……

《资本论》明确了这样的问题：消灭历来的生产方式怎么又意味着是对它的"扬弃"呢？这消灭不是单纯的否定，而是否定之否定，即它在更高阶段上，"在资本主义时代的成就的基础上，也就是说，在协作和对土地以及靠劳动本身生产的生产资料的共同占有的基础上"再生产人的种种性质，这些性质是在个人私有以及随之而来的资本主义的关系下才成为可能的。所谓人们相互间的和人对自然的更理性的关系，把以往一切的发展作为被扬弃的东西，保存在自身之中，这个思想同时也表明，马克思并不认为人能够返回自然体验的素朴的直接性，这种自然体验、甚至被黑格尔当成笑料的浪漫派所设想的那种直接性，是否曾经存在过也还不清楚。对此，列宁也讲了批判性的意见："说原始人获得的必需品是自然界无偿的赐物，这是笨拙的童话……这种黄金时代在过去从来没有过,生存的困难,同自然斗争的困难使原始人受到十分沉重的压抑。"

自然并不是人能简单地复归到那里去的绝对存在,而是人从迄今为止的历史的自然强制中必须夺取的东西。

诚然,即使对于直接接近自然的可能性的一切迷信已被消除,即使自然将继续作为人的资料与材料,在历史上为人的自我实现服务,也仍然存在不可避免的问题:即一切自然物都具有作为商品的性质,而任何东西在其固有的规定性上都不是通用的,只有在它对别的东西成为交换手段的时候,才在具有价值的世界中制约着自然存在,并制约着我们对它的关系。而这种束缚在将来是否能多少得到解除呢?这些问题还未能得到解决。由于自然确实在根本上仍大体作为人的利用对象出现的。因此,对自然的赞美一旦像从旅游车上去观光它,而不是直接地在经济效益的观点下去考察它,那就极为明显地带有错误的意识形态的性质。在停止把自然仅作为原料加以使用的时候,已经没有狂热地赞美自然的必要了吧。

贝托尔特·布莱希特对商品社会中人同自然的萎缩了的关系的理解,更胜于现代其他任何著作家。正像康德的先验的主观构成现象世界一样,晚期资本主义时代的社会生活过程也构成和自然本身相同的一切自然意识。在劳动过程中,人对自然作出人为的安排,说到底这是人对自然的态度,它继续带有紧张的、甚至病理学的特征。在布莱希特的《历代史记》中,当考伊纳说下面一句话的时候就含有这样的意思:"对于我们来说,节俭地利用自然是必要的,但如果在自然界中不劳动而磨磨蹭蹭,那就容易陷入病态,被热病般的东西所缠绕。"

诚然,人仍然要依靠同自然的物质变换来生活,但是,具有能够停止掠夺式利用自然的这样一种结构的社会,就使马克思的认识论中的现实主义因素之真理性更显而易见了:自然总还是自在存在,不依赖人的操作的干扰而独自存在;不要把事物看成总是先验地加工过的,而是让事物有最后的发言权。这样,唯物主义的真理就不失为"真理"了。虽然布莱希特完全不理解这种哲学的含义，可是他还是让考伊纳说了实话："探寻他自己对自然的关系的考伊纳说过，'我喜欢常常到外面去看树木，这特别是由于能看到这些树木经过一天的时间或季节的变化而不同，更带有现实的味道。在随着时间流驶的城市中'，就如房子和道路，它们只是不居住就空虚，不使用就无意义的实用品，总使我们困惑。我们的独特的社会秩序实际上把人也列在这种实用品之列。但树木对我来说，至少因为我不是木匠，它们在我之外，有它们自己的一些静谧的独立的东西；不仅如此，我还希望对木匠来说，树木也还有它们自己的连木匠也不能利用的东西。"

这里提出这样的问题：更合乎人性的社会究竟在怎样的程度上同超脱人类的外部自然界进入一种新的关系呢？这个问题成为阐明马克思思想的特别值得讨论的论题。在这一问题上，成熟时期的马克思的观点比他早期著作中的观点稍有退缩，晚年的马克思已经不讲整个自然的"复活"。新社会只是更好地为人服务，而这无疑地使外部自然界成为牺牲品。自然界拥有庞大的工艺学的资料，应该受到使劳动与时间的支出缩减到最低程度的支配，自然作为一切可以思及的消费品的物质基质，完全应该为一切人服务。

马克思和恩格斯虽然也为自然迄今受到亵渎和掠夺而叹息，但这毕竟不是关心自然本身，而是考虑到经济的合目的性。例如恩格斯在《自然辩证法》中说："到目前为止存在过的一切生产方式，都只在于取得劳动的最近的、最直接的有益效果。那些只是在以后才显现出来的、由于逐渐的重复和积累才发生作用的进一步结果，是完全被忽视的。"

即使在将来也不能中止对自然的榨取，但人对自然的干涉应该控制在把握住长期效果的可能范围内加以合理化，借此逐步消除掉自然对于人的每一次胜利采取报复的可能性。

卡尔·考茨基在他的《唯物史观》中，论述了给社会主义中人向外部自然界自身掘进所设置的界限。他讲到很多动植物的种被抑制与消灭时，认为这种情形也只能被社会主义所控制而不能完全消除，"即使珍贵的动植物在社会主义中到处受到保护，但土地开垦的发展仍将使很多动植物的种进一步趋于灭亡"。

考茨基对超脱人类的自然界的未来独立发展的可能性的论断，可能太乐观了。问题倒恐怕是：未来社会是否是一个巨大的机器？它是否是这样：与其说它证实了青年马克思的梦想，即自然的人化同时也包含人的自然化，倒不如说它证实了《启蒙辩证法》的预言，即"把人类社会作为人在自然中的一种集体交往"，未来社会充其量给人们留下了一种模糊的希望，那就是叔本华哲学所说的：在那里，人们彼此相互和解，并学会比以往更进一步地加强同自己所压迫的被造物的联系，在合理的社会中，已经不把保护动物看成只是一种个人的一时所好。

……

论辩证唯物主义中历史和自然的关系

辩证法仅仅是历史规律呢，抑或它也能从自然中推导出来呢？这在环绕马克思与马克思主义哲学的争论的现状中，是不太清楚的，我们通过这个问题的争论才发觉这是一个真正的问题，而不是头脑里凭空杜撰出来的。——这个问题的意义既被考虑世界观的终极性的苏联马克思主义所掩盖了，也被当前德国对此进行带有极端托马斯主义倾向的批判所掩盖了。这个所谓托马斯主义的批判——它认真地考虑了辩证唯物主义对本体论的要求——很少能充分理解到这种对本体论的要求究竟和马克思的立场有多少共同之处。今天的辩证唯物主义关于本体论的讨论，完全脱离了马克思的著作，也和对资本主义生产方式的分析没有任何关系。苏联哲学家们一方面议论世界总体的动力结构，一方面又使马克思当作首要问题的人的世界越来越从他们的视野里消失掉。社会关系的具体的东西从他们那里逃走了，社会关系成为"物质的最高运动形式"。鉴于把本来是批判的概念再次改译成独断的世界观的概念，我认为巴黎讨论似乎没有必要对辩证法的适用领域进行反省。不过在那场讨论过程中，对此作了规定的主导观点最终虽未充分条理化、明确化，但它关心的并不是唯心主义与唯物主义这对立双方关于辩证法本身的"适用性"问题,而是如下的问题,即——如果这些术语应保持其严格的意义的话——自在存在着的自然辩证法能当成是唯物主义的吗? 或像一再诠释的那样,如果把自然理解为严密科学赖以构成论证的东西,那么唯物主义和辩证法彼此并非是互不相容的吗? 以下将试图阐明:第一个问题是应予否定的,第二个问题是应予肯定的。本文在根本上赞同萨特尔和依波利特反对伽罗第和维吉埃时所展开的论断。但指导观点是:按照萨特尔的《辩证理性批判》,把存在主义作为马克思思想的一个独立的要素,这在理论上并无任何有助之处;伽罗第等人的客观主义把辩证概念侏儒化了,使主体性受到压抑,而萨特尔使主体性再次得到恢复,这充其量仅能对今日之苏联正统派起着补充与修正的作用,而且,萨特尔的论证方式也并非只是基于他的存在主义学说, 也同样是基于在马克思主义框架内长期形成的命题——这些命题不可能仅仅靠政治理由才得以贯彻。恩格斯试图把辩证法既扩大到人类以前的自然界去,也扩大到人的外部自然界去,其影响是巨大的。与此相反,卢卡奇首先指出了把辩证方法限制在历史的、社会的现实中对于唯物主义是何等的重要,这无疑是卢卡奇的功绩。他在1923年的《历史和阶级意识》中,已经大胆地对恩格斯提出挑战。如果说这部著作的缺陷在那里,以后卢卡奇自己因而又受到怎样的批判,那就是——它破坏了想把人的外部实在从本体论上固定下来的一切倾向,非常强调马克思的理论本质之历史性质:"自然是一个社会的范畴,即在社会发展的特定阶段上,被看作自然的东西是什么? 自然和人的关系怎样? 自然和人的抗争又是以什么形式进行的? 因而,从自然的形式与内容、范围与对象性来看,自然应该意味着什么? 这一切总是受社会制约的。"当然,对这点恐怕还应再加上这样的话,即反过来,社会也总是一个自然的范畴,就是说,社会的每个时期的每个形态,也和社会所占有的自然的一个片断一样, 依然停留在仍没有被人力广泛渗透的作为整个现实的一般自然之内。但是,作为整个现实的自然这概念并不脱离人类历史的范围,这个自然也只能是相对于人类支配自然所能达到的阶段而言的。思维吸收了自然和历史的关系这个根本观点, 并在一切特殊的分析中以此为前提，它才能真正摆脱掉对独断的世界观的要求，以满足批判性地理解马克思这现时代的需要。辩证法不是永恒的世界规律，它随同人的消失而消失。

……

因此，在马克思看来，没有必要去说明进行生产的人同他与自然进行物质变换的各种条件的统一，这种统一即使在资产阶级以前的发展中会发生怎样的变化，也总不是历史的结果。它的各种各样的形式对于其自然的本质来说，总限于是外在的东西。对资产阶级社会来说，经济学批判想说明的是"人类存在的这些无机条件同这种活动的存在之间的分离，这种分离只是在雇佣劳动与资本的关系中才得到完全的发展"。马克思说，单个人的"客观的存在方式"归属于这个阶段活动的主体，基于这一事实，奴隶制与农奴制并不知道劳动与无机条件的分离，毋宁说，这两个要素消融到奴隶主或封建主的无差别统一的自然基础中去，他们把奴隶与农奴作为"土地的有机附属物"而同土地一起加以占有，使之贬低为无机的自然条件："奴隶同自身劳动的客观条件没有任何关系；而劳动本身，无论是采取奴隶的形态，还是农奴的形态，都是作为生产的无机条件与其他自然物同属一类的，是与牧畜并列的，或者是作为土地的附属物而置于其他自然存在的系列之中。"与此相反，在资本主义生产中，劳动者被彻底地非自然化，成为"失去客观条件的、纯粹主观的劳动能力"，这种劳动能力在自我异化的劳动——它作为"自为存在的价值"——的物质条件里看到了对自己的否定。工人对于资本来说已绝不是生产条件——不过是通过交换所得到的劳动的承担者，而且以交换为媒介来再生产自己的这个总体、确实以个人之间完全的孤立性为基础的这个总体，它的"以毫不相干为前提的实际联系"同以往的总体性相比，意味着是一个进步，而以往的总体性是以自然和人格的依存关系为基础的局部的总体性。

因而，如果马克思没有像新浪漫派的意识形态那样，把工业阶段以前的自然的生活过程加以非理性主义地神化，那么他也没有考虑到把各阶段的

"要素的"相互作用、把"自然的自我媒介"——在这阶段的劳动必然把自己作为这种东西展示出来——实体化，成为从世界观上来把握自然的一元论。在他对完全受自然所制约的劳动过程的叙述之中，无疑包含着自然思辨的因素，这使人们联想到当时的黑格尔的自然哲学或谢林的自然哲学，但这种自然思辨几乎总是摇摆不定的，没有成为支配性的东西。"自然辩证法"这个概念在一般地能使用得有意义的情况下，它对于资本主义之前的过程是有效的，这个过程是和土地财产的历史结合在一起的，在结构上同动植物的机体必须与它们的环境斗争这个所经历的过程相类似，在这个过程中揭示了人的主体性是自然的更高的真理。在资本主义以前，自然分裂为进行劳动的主体和被加工的客体，在这分裂中，自然仍然是"自然自己"。不仅人作为自然的有机存在的一种方式出现，而且自然也从一开始就作为"他自身的无机存在"表现出来。所谓劳动只在它的"单纯的自然存在"上存在，这种人与自然的抽象的同一性作为"生命的表现和证实"，一般地仍然靠非社会化的人来完成的，是作为剥夺掉一切社会性的东西来把握的，即使"反常的孤立的人"也在劳动中依存于人和自然的同一性。诚然，他没有土地财产，可是他——像动物一样——能够"把土地作为实体来维持自己的生存"。

在这里，马克思的意图是：人和自然的抗争超出了动物与自然抗争的形式，它是在特定的社会形态的框架内进行的，但所有这些社会形态都不是资产阶级社会，就是说，不是在直接意义上作为"社会"的社会。因此，关于资产阶级以前的关系（正如已经看到的那样，马克思宁可把它叫作"自然形成的共同体""氏族""部落"，他避免使用社会这个概念，或者是在非本来的意义上使用它。自然赋给的东西与历史地产生的东西之间的区别，对于资产阶级之前的各历史阶段无论怎样适用——马克思一再指出所有自然形成的形式总还是"历史过程的结果"，但亚细亚君主专制、古代的奴隶经济、中世纪封建制等作为由土地财产所规定的关系，它们之间的区别在资产阶级社会面前都完全消失了，因为资产阶级社会的出现是一个世界历史的转折点。所以，马克思在《政治经济学批判》的"导言"中能够这样简洁地论述："在土地所有制处于支配地位的一切社会形式中,自然联系还占优势。在资本处于支配地位的社会形式中,社会、历史所创造的因素占优势。"在资产阶级社会以前的阶段,自然的东西和历史的东西大体上属于自然关系之内的,而在资产阶级社会中,连尚未占有的自然也属于它自身的历史。与此相应,马克思在研究土地所有制时,采取如下方法,即他把一系列在地理上不同的土地所有制类型,例如东方的、南美的、斯拉夫的、日耳曼的、甚至古代的种种类型相比较,而把它们的时间上的先后问题完全推入背景里去。资本主义之前的共同体的种种形式——像黑格尔那里的自然形式——作为彼此互不相干的存在而并列着。通过理论的考察才开始弄清:虽然某一形式的变态并不是这一形式产生的,但这种变化是该形式的更进一步的发展。因而,马克思认为,历史的过程比一般设想的更为曲折,它不依从于统一的赋之以意义的观念,而总是从原先的个别过程重新产生的。

……

自然、认识以及历史的实践

事实上,正像依波利特所勾画的那样,恩格斯的主要困难在于:他把自然的历史化——在苏联马克思主义那里更进一步——归结为人的历史的自然化。当然,他不是采用社会达尔文主义之流的方式,因为恩格斯和马克思同样看透了社会达尔文主义的社会作用与社会根源。这里,所谓历史的自然化是说:恩格斯使历史倒退成自然的一般运动规律以及发展规律的特殊适用领域,据此他开拓了把辩证唯物主义和历史唯物主义的理论加以制度化地肢解的道路,这正是斯大林主义的意识形态的特征。而从马克思的观点来看它没有任何意义。所谓人的历史是赋有意识的存在所创造的,这不过是把事情弄得多少复杂化的一个重要原因。恩格斯把这种观点简洁地表述如下:"今天整个自然界也溶解在历史中了,而历史和自然史的不同,仅仅在于前者是有自我意识的机体的发展过程。"而当马克思论述到社会的"自然规律"时,当他论述到经济学批判把社会形态的发展作为一个"自然史的过程"来把握,在这过程中诸人格成为"经济学范畴的人格化"时,它是具有如下批判的意义的:人被包括在使自己得以实现的现实条件的总体之下,而这总体是人不能驾驭的,与"第二"自然的人相对立的。这种批判的动力当然在恩格斯那里也并未完全消失,这在《反杜林论》中特别明显。但是,恩格斯由于"从与价值无关系"的自然的发展规律出发,转向社会的发展规律(在四十年代他和马克思完全一样,之后就背道而驰),就必然得出这样的结果:他的很多表述对社会规律作了肯定的解释。一方面恩格斯显然意识到历史规律的客观性是假象,这些规律通常只是人的"自身的社会行动"的规律,意识在起支配作用;另一方面,他这种批判性的认识又被他下述观点所削弱:在社会主义社会中,人"以完全的专门知识来运用、支配"这些规律。相反,在马克思那里,问题是这些规律由于消融到解放了的诸个人的理性行动中去而消失。恩格斯则自然主义地把人所创造的规律同不言而喻的仅能被人运用和支配的物质的自然规律混为一谈。

斯大林以及斯大林主义正是从这里产生了对不依赖人的意志的活动的迷信,和对历史规律的不可侵犯的客观性的迷信,他们不把历史规律和自然规律作任何区分。多年来,公式化的意识形态之所以能和这种无概念的客观主义结合起来,之所以能和围绕斯大林的个人崇拜中表现出来的严重的主观主义结合起来,绝不是偶然的,这两个方面是互补的。在马克思那里是批判的对象的东西,在斯大林那里则被捧到科学规范的地位,主体顶多只能研究这些规律,在其行动中考虑这些规律。所谓这些规律一般说来没有人的行动就不存在这样的事实,完全未能纳入他们的理论视野中去,为着统治者的利益,这种理论只以"模写"实际完成的物化了的关系为目标。

在恩格斯那里,对于自然、社会以及思维同样有效的辩证法的发展规律以及范畴,不论怎样总还是停留在构成自然科学概念的中介体里。随着时间的推移,特别是斯大林和毛泽东把辩证法的规律和范畴从自然科学问题本身中分离出来,并宣布它们是对自然存在的直接论断,这一事实,意味着把原来是批判的和基本上是历史的理论进一步推向本体论。这样一来,所谓矛盾内在于世界一切事物中并同样内在于研究对象中的观点，在对任何一个对象作具体研究之前，就已具有了公理的确实性而成为有效的。这是在斯大林主义以后的时代也仍然得到强化的倾向。在V.B. 兹昂涅洛夫之类的著作家中，积极地接受了"本体论"的概念，努力建立那种令人想起N.哈特曼哲学的体系来，辩证法被实体化为抽象的世界观，紧缩成随政治形势的变化而变化的各个原则的目录单，这些原则作为空洞的外壳和图式被内容遮盖起来。

选自[联邦德国]A. 施密特：《马克思的自然概念》，欧力同、吴仲昉译，商务印书馆，1988年，第141页、第143页、第145页、第147页、第149页、第151~152页、第166~169页、第179~181页、第188~191页、第206~208页。

6. 大卫·佩珀①:
绿色政治是后现代政治

后现代主义

第一章第二节中讨论的许多议题是作为对立面之间的冲突或选择即作为二元论出现的。而且,它在本质上是对主要理论的相对优点的讨论,试图根据普遍性的原则解释社会及其变革。这同样适用于第二章第二节所描述的政治经济学理论。这种方法——二元主义地思考并寻找一个核心理论——是与现代主义的观点完全一致的。"现代主义"是一个描述三百年来众多西方思想要旨的术语,起源于哲学家笛卡尔(Descartes)、洛克(Locke)和康德(Kant),并且信奉理性、科学和进步:

> 哈贝马斯(Habermas)所说的现代性**计划**在18世纪成为关注的焦点。那一计划在启蒙运动思想家看来等同于一个史无前例的智力进步,从而"发展了客观的科学、普遍的道德和法律以及根据它们内在逻辑的自主艺术"……平等、自由、相信人的智力(一旦获得教育机会)和普遍理性的

---

① 大卫·佩珀(David Pepper),英国牛津布鲁克斯大学地理系教授,20世纪90年代生态社会主义理论的重要代表人物之一。代表作有《现代环境主义的根源》和《生态社会主义——从深生态学到社会主义》等。佩珀自称为生态运动中的"马克思主义左派",其主要理论贡献在于勾勒了生态运动中的"红色绿党"和"绿色绿党"的轮廓,深化了生态社会主义与生态主义之间关系的争论,提出了生态社会主义的基本原则。

教义盛行。（黑体部分为原作者所加）

现代主义促进了社会组织的"理性"形式的发展——实际上是资本主义的扩展——寻求利用自然规律与资源为大众市场生产商品的技术，明显地提高了普遍的人类健康和福利。直到最近，现代主义的最高发展形式仍是"福特主义的"（Fordist）生产[大规模的、集中的、生产线、劳动分工、标准化产品、"科学的"管理（泰勒主义）以及机械化了]。实际上，每一个地方都有持续的大规模发展和规划，然后是重建、剧变、革新和间断。这种间断已得到社会的、经济的和历史的理论家以及艺术家、计划者和设计者对它的潜在秩序及其意义研究的补充。确定这一不断变化模式的深层秩序与结构是他们研究的根本任务。

因而，现代主义蕴涵着一个不断破坏过去存在的过程，追求那些被认为是有利于人类普遍利益的一般性原则，例如来自物质需要的自由和积累财富的自由。许多人把这一过程视为创造性的，但也一直存在着一个反文化的潮流。后者强调现代主义的破坏性，质疑它的进步观念，并悲叹它如何贬低和抑制了其他文化、价值体系和立场。

在过去二十年左右的时间里，这些对现代主义的否定性看法伴随着新社会运动（比如绿色运动）和一个新卢梭主义的对非理性思想化与立场进行折衷的风格与观点的思考而增加了。与此相伴随，一些已发展成为"后工业主义"一种"灵活的"资本主义积累形式。它含着被认为是否定福特主义许多原则的全球分散化和小规模生产，并提供了更少安全和更离散的就业模式和经验。曾经导致不久前发生的剧变和现代化并被新古典经济学家或马克思所理论化的有组织的资本主义，已通过一个急剧的时代性变化，而被一个自我延续（self-perpetuating）消费的新的混乱所代替。相应地，对解释世界的主导理论（"超级理论"）或世界得以组织起来的普遍伦理的学术探索，已经变得不再流行。其中包含的信念是，我们所看到的表面现象是唯一的现实。通过尼采（Nietzsche）、胡塞尔（Husserl）、海德格尔（Heidegger）等人的努力，主客观区分、二元论思维偏好、对客观世界和理性品德的信念——现代主义的这些基石——已经成为质疑的对象。

西方社会中经济学、艺术、建筑学、哲学和社会学等学科中的所有这些趋势，已被哈维评论为一个"后现代性的前提"的侧面。他说，这是晚期资本主义发展的特征（你能够将这些分散化的因素集合起来并通过一个后现代前提的核心观念来解释它们，这实际上是一个现代主义的概念，而这种尝试并非没有遇到挑战，比如女权主义者的挑战）。

哈维（D. Harvey）说，后现代主义在建筑中重新发现了当地文化，强调历史中的非连续性和科学的非决定性（例如无序理论）以及在伦理道德、政治和文化中所有可能的看法和观点的有效性和尊严。总之，后现代主义尊重在西方世界内部及更广泛范围的观点和文化的"其他性"（otherness）。因而，它是"文化相对主义的"，但却是在现代主义的文化相对性观点（正如在马克思主义中可以看到的）而不是文化相对主义意义上的。因为尽管现代主义哲学或许理解不同的文化有着不同的世界观、传统智慧、共同的理智、伦理和道德——所有这些在他们自己内部都很清楚——但这些哲学在将其他的哲学文化与他们自己的"现代"价值相比较时并不把它们视为同样有效的。然而，后现代主义的文化相对主义这样评价它一个有时被用漫画描写为"干什么都行"（anything goes）的行为。

后现代主义认为，世界的表面现象日益通过精确的复制、画面和画像来感受，那里许多消费品的主要使用价值是创造或加强我们个体或群体的地位，这是对于大多数人来说的现实。因而，后现代主义颂扬表面和表面性、风格、短暂的东西和消费主义。后现代主义已经因为作为撒切尔主义的一种"智力"外表而遭到批判，而且它看起来当然是更与后资本主义相一致而不是反对它。后现代主义的世界是离散化的，明显地缺少秩序和方向感。它的非理性特征破坏了线性推理和进步的信念——而且，它认为不存在借以理解意识、文化和政治的潜在结构。

……

红绿之争

在英国，红绿之争主要发生在生态主义谱系中的自由主义中间派和那些更倾向于革命社会主义一端的人们之间。另外，还有来自生态主义以外的革命社会主义者参加。从前一章的讨论看，争论集中在价值的抽象劳动理论（社会主义者）和生产成本理论、卢梭的浪漫主义无政府主义与其他理论组成的折衷的生态中心主义混合物之间。但基于解决社会问题的目的不同，它也可以被看作是现代主义（红）和后现代主义（绿）两个阵营之间的斗争。

生态主义（主流以及一个公开无政府主义的版本），被灌输了大量无政府主义的因素，而后者与后现代主义有着诸多一致，尽管它是一种旧的政治哲学。生态主义的红色批评是把它推向一个更现代主义视野的尝试，包括：（1）一种人类中心主义的形式；（2）生态危机原因的一种以马克思主义为根据的分析（物质主义和结构主义）；（3）社会变革的一个冲突性和集体的方法；（4）关于一个绿色社会的社会主义处方与视点。后边这些包括革命社会主义观点、无政府共产主义和无政府工联主义以及基于改良主义的社会主义立场、地方社区和城镇社会主义。

同时，无政府主义者和社会主义者之间的、19世纪和20世纪早期折磨着左翼国际主义的传统斗争和分歧，依旧存在于红绿争论中。类似地，马克思和恩格斯对小资产阶级乌托邦主义的批判仍然是与左翼对生态主义的批评相关的。正如赫斯伯格（W. Hulsberg）指出的，绿色分子的正式纲领是这些乌托邦主义的一个变种。

现在，我们将继续探讨红色分子希望推动绿色分子的观点。由于被强烈地注入了价值的抽象劳动理论，因而，第三章可大致分两个部分。在对研究马克思主义的相关性进行了简单讨论之后，第三章第二至五节概述了马克思主义的政治经济学以及它在资本主义社会中对环境议题的直接含义。然后，第三章的第六至九节将依据马克思主义的政治经济学来描述一种绿色社会主义观点——自然观、自由观及如何实现自由的战略和它对生态中心论方法的批评。这将为在第四章中进一步思考无政府主义和它对生态中心主义的影响奠定基础。第三章第一节清楚地表明，本书对马克思主义和社会主义的阐释并非是唯一可能的版本。但是，这却是与生态社会主义最为一致的形式：绿色意识形态应该发展到一个新阶段。

……

推动生态主义接近生态社会主义

生态主义目前在更大程度上是受到无政府主义的影响，同时也被注入了深生态学和新时代主义。与此同时，许多绿色分子不相信或放弃那些作为马克思主义和社会主义的东西。我认为，这种思维应当扭转，要更多地把马克思主义的分析带进生态主义的主流中，而且使其摆脱它的无政府主义的自由方面，转而支持更多的共产主义和工联主义——政府主义传统。这样说并不是必然地主张生态主义应当一股脑地吸收马克思主义。因为正如已经表明的，现实中不只存在一种对马克思的解释，而且我不能说哪一个最"正确"，但这并没有关系。同样不重要的是，马克思是某种类型的隐藏的生态中心论者(帕森斯)，或者他不是永远也不会是生态中心论者(格仑德曼)。真正重要的是，利用第三章中评论的许多马克思主义观点来分析第一章中概括的政治问题产生了有价值的见解。它们可以使生态主义成为更加连贯的、强有力的和有吸引力的意识形态——它最终一定是一种社会主义形式。然而，为了实现这个目的，无政府主义和深生态学必须摆脱走向自由主义的政治经济学与意识形态、反人类主义、神秘化和唯心主义的趋势。

在第一章中提出的马克思主义关于这些问题的观点包括：

（1）把人性看作主要是在社会中建构的和因而可以改变的——但强调对共同体和生产的人类基本需要。

（2）反对庸俗的决定论、唯物主义和经济主义，但也反对唯心主义。人类在渐进地演化到共产主义的过程中逐步被解放，但承认自然和历史遗产的最终限制，并且我们从没有完全的自由意志来建设"在那之外"的东西。

（3）对历史和社会变革采取**辩证**唯物主义的方法。它承认观念、主体性和精神的重要性，但也主张把它们和经济背景联系起来，并且一贯地反对经济、社会、精神或自然力量的神秘化。

（4）共产主义的目标是个体价值的最终实现，但强调社会变革的集体方法。

（5）把共产主义视为一个世俗的认知共同体。

（6）把潜在的阶级（尤其是经济）冲突看作是改变社会和历史的一种强大力量。

（7）拥有一个结构主义的观点，它尤其思考表象如何体现了潜在的经济阶级关系。

（8）倡导社会主义/共产主义的特定发展模式，这种发展模式预示着平等主义和拒绝市场作为经济、政治和社会行为的管理者。

生态社会主义政治学也接受现代主义，并未向个体自由与实现以及平等主义这样的绝对人文主义价值而斗争，其中理性是主要的判断标准。而且他们绝对会理解，道德是如何在文化中和社会中建构的。另外，生态社会主义的政治经济学基于价值的抽象劳动理论，无论它是否打算在经济中使用货币。

对社会主义和阶级行动的需要

可持续的、生态健康的资本主义发展是一个措辞矛盾。由于在第三章第三节和第四节中概述的原因，资本主义是增长取向的——依靠生产过程中对自然的剥削，包括对人类的剥夺实现的实际价值的增加。因而，它必然是由技术和组织的动力所推动的：

> 这意味着，资本主义必须准备好条件，而且实现实际价值增加的扩大，而不管有什么样的社会、政治、地缘政治或生态后果。

与许多绿色和非绿色的声称相反，这种增长动力对于环境或社会的结果来说是不可妥协的。正如美国总统布什1992年在拒绝签署地球高峰会议的生物多样性协定时所说："我们不能允许环境运动中的极端行为关闭美国（即世界资本主义）。"

资本主义危机是它特有的，而且是由这一制度的缺乏增长决定的，但这和它的反面一样，对绿色分子来说是一个坏消息。因为在经济衰退期间，工业能够并且事实上也是为了国家经济的利益而更加赤裸裸地抵制和侵蚀环境保护规章。它削弱了工人反对经济和生态剥削的力量，并且在经济衰退时期，人们不再关注经济迫切性以外的议题。加尔布雷思（J. Galbraith）说，贫穷仍旧是自由的最大仇敌，脱离贫困的自由在很大程度上取决于我们对其他自由（言论和表达的自由、信仰的自由和摆脱恐惧的自由）的渴望。我们应该认可这一肯定经济决定论必要性的提示，并且补充加尔布雷思的上述三部曲：消除污染和环境退化的自由也需要一种物质富裕的基础。同样，一种生态意识的发展也是如此。另外，一种生态共产主义的乌托邦也需要生产力的发展。这样说并不是要接受那种愚昧的市场自由论点，即为了能够"创造"可以支付清理环境（即清理首先由增长造成的混乱）的财富，（任何类型的）经济增长是必要的。

生态社会主义的增长必须是一个理性的、为了每个人的平等利益的有计划发展。因而，它将是有益于生态的：

> 一个建立在共同所有制和民主控制基础上的社会，生产完全是为了使用而不是为了销售和获利，旨在提供一个人类在其中能以生态可接受的方式满足他们需要的框架。

这种社会主义的发展可以是绿色的，它建立在对每个人的物质需要的自然限制这一准则基础上。因此，它们是在自然能力的宽泛限制范围内可以满足的需要。社会主义发展过程中人们持续地把他们的需要发展到更加复杂的水平，但不一定违反这个准则。这是一个在艺术上更丰富的社会，其中，人们吃更加多样化和巧妙精致的食物，使用更加艺术化建构的技术，接受更好的教育，拥有更加多样性的休闲消遣，更多地进行旅游，具有更加实现性的关系，等等。正如任何绿色分子将会告诉你的，它有可能需要更少而不是更多的地球承载能力。

因而，最好的绿色战略是那些设计来推翻资本主义、建立社会主义/共产主义的战略。试图使资本主义边缘化的无政府主义的预示性战略听起来是充满诱惑的，但经验表明，它往往导致反文化的边缘主义者自身的边缘化，因为它的信奉者忽视或低估或拒绝对抗现行的资本主义意识形态霸权的物质基础。

但是，如此多的生态乌托邦计划——例如高兹、卡伦巴赫和皮尔塞（M. Piercey）的计划，实际上是自由主义的（因而资本主义的）梦想——强调，个体的创造力是最终的实现目标。他们拒绝集体的社会变革战略，比如工联主义和其他的工会活动像混合委员会的"工人"计划，"专注于资本面对一个（从前的）工人阶级进攻而进行重组造成的难题"。

布金的无政府主义同样反对工联主义和工会主义，认为它们是狭隘的、以阶级为基础的和那些到达美国并被限制在贫民区的无政府主义和社会主义的德国人、意大利人及犹太人的结果。相反，布金支持盎格鲁-撒克逊社会争取表达比工人政党的"神话"更高的道德和政治志向权利的斗争。它在美国公理会教友的城镇集会中达到高潮，其中间阶级和工人阶级加入到一种人民运动中。珀切斯被这种十分肤浅的民粹主义激怒了，他说，这体现了布金想成为"社会生态学"的唯一精神领袖的愿望。这里，布金彻底地抛弃了普通工人对资本抵制的数百年历史，他现在把这些斗争通过20世纪70年代的"绿色禁令"与澳大利亚共同体的绿色关切联系起来。

珀切斯正确地宣称，在缺少资本主义的条件下：

　　　工会和工人合作……将被认为是相当自然的。实际上，为了他们自己的利益，这是促使普通工人与城市的经济和工业生活协调的逻辑和理性的方式。(另外)生态活动者……仍必须领悟，若没有有组织的工人阶级对绿色事业的广泛信奉，国家发起的多国探险机构是不能被击败的。

某些但并非所有的无政府主义者想强调集体阶级斗争的社会主义观点，而且，实际上比如鲁姆否认无政府主义有任何其他的政治倾向：个人主义和阶级斗争是同一事情的两面。然而，生态无政府主义者和主流绿色分子通常是那些轻视一个工人阶级无产阶级的持续存在或革命性潜力的人。但是，新马克思主义者或其他一些人主张的选择性代理人，例如失业者和新社会运动分子，甚至是更难以令人信服的"革命者"——后者更倾向于自由主义而不是社会主义的传统和思想。

但是，并不存在一个先验的原因使得生态主义应与政治保守主义或自由主义相连而不是与工人运动和社会主义相连。的确，一些人坚持认为，左翼和绿色运动有着内在的密切关系。尽管红绿联盟由于在第五章第一节中提到的原因而困难重重，但当处在像伯恩(D. Byrne)那样的自由意志论社会主义者和像珀切斯那样的绿色无政府—工联主义者之间思考时，它们的确变得更加可行。因为他们都承认潜在的阶级分析和阶级斗争也有重要作用，并把他们的生态主义建立在对环境的更广泛界定上，尤其是吸收传统工会对改善低工资城市群体的生活环境质量的关心。例如，在20世纪20年代和30年代，像罗伯特·布拉切福德(Robert Blatchford)那样的社会主义者和像NALGO那样的工会大量地介入到了回归土地和假期野营运动中。

……

小结：对马克思主义的确信

为了强调这点，值得指出的是，马克思主义传统的审慎程度不一定必然带领我们进入资产阶级对马克思主义的误读使我们相信的、那种非人道的、极权的和无效的梦魇。正如科尔等指出的，我们应该记住关于马克思主义有许多神话。通过思考他们观点详单中更相关的方面和他们作出的尖锐回击，我们可以获得一些对马克思主义的确信。它们包括如下方面：

马克思理论中没有需求——只有生产。马克思那里也没有货币。事实上，需求是马克思理论的内在组成部分，而且，其中也有货币。马克思在货币和货币资本之间作出区分，并对二者作了详尽的论述。

马克思认为劳动是所有财富的来源。实际上，他批评了那些坚持这种论点的人，在《资本论》第二卷中，他说：

> 劳动不是所有财富的来源……自然和劳动一样都是使用价值（而且，它当然是物质财富构成）的来源……

他的确主张，劳动是与使用价值相对立的，并通过交换实现价值的源泉。

马克思错误地预测了工人阶级的贫困化。他依据与资本的关系讨论了他们的相对物质贫困化，坚持认为被资本控制的整个社会财富的比例将继续上升——实际上，现实确实如此。而且，他讨论的一部分是关于文化的而不仅仅是物质的、工人阶级贫困化（一个也得到绿色分子广泛关注的事实）。

马克思错误地预测了利润率将持续下降。实际上，他讨论了利润率下降的趋势。

抽象劳动理论预言资本主义将会崩溃但它没有崩溃。这一理论并没有主张这些，而是说资本主义易于产生危机，一个危机的解决导致另一个危机的产生，并且资本主义社会中存在着生产的社会性与私人占有制之间的根本矛盾。

这最后一点或许应是生态社会主义必须努力传达给外界的中心观点——这正是绿色批评家迄今为止所明确缺乏的观点。

生态社会主义概要

从前文以及第三章和第四章的论述中，我们能够总结出生态社会主义的主要原则,以推荐给所有的激进绿色分子、主流绿色分子和生态无政府主义者。

生态社会主义是人类中心论的（尽管不是在资本主义—技术中心论的意义上说）和人本主义的。它拒绝生物道德和自然神秘化以及这些可能产生的任何反人本主义,尽管它重视人类精神及其部分地由与自然其他方面的非物质相互作用满足的需要。但是,人类不是一种污染物质,也不"犯有"傲慢、贪婪、挑衅、过分竞争的罪行或其他暴行。而且,如果他们这样行动的话,并不是由于无法改变的遗传物质或者像在原罪中的腐败:现行的社会经济制度是更加可能的原因。人类不像其他动物,但也不是外在于社会的非人自然。我们所观察到的自然是社会的被观察到的和产生的。另外,人所做的一切都是自然的。

因此,自然的异化是与**我们自己的**部分的分离。通过生产资料共同所有制实现的重新占有对我们与自然关系的集体控制,异化可以被克服:因为生产是我们与自然关系的中心,即使它不是那种关系的全部内容。我们不应该在试图超越自然限制和规律的意义上支配或剥削自然,但是为了集体的利益,我们应该集体地支配(即计划和控制)我们与自然的关系。

生态社会主义对资源问题的回应不仅仅局限于分配,比如像艾克斯利那样的评论者所认为的。她认为,不存在对作为社会主义发展需要的人类增长产生直接影响的、与历史无关的限制。但是,最终的自然限制构成人类改造力量的边界。另外,社会经济组织的每一种形式都有着与它自己具体的历史条件包括非人类环境相关的特定方式与动力。因而,对一个既定生产方式的自然限制,并不是对所有生产方式——一种普遍类似的形式的——普遍限制。改造生产方式意味着改变许多需求,因而改变供应它们的资源以及必须解决的一系列生态难题。生态社会主义将改变需求,遵循威廉·莫里斯的多样化路线重新界定财富,而这也包括一个所有人都拥有合理的物质富裕生活的"底线"。但是,所有这些物质需要可通过社会主义生产来实现,因为现实中存在着对它们的限制,尽管人类需要一般来说在社会主义发展中将总是变得更加复杂和丰富。

生产和工业本身将不会被拒绝。如果说不是被异化的，它们是解放性的。资本主义最初发展了生产力，但现在它阻碍了它们无异化的和合理的发展。因此，它必须被社会主义发展所代替，其中，技术（a）是适应所有自然（包括人类）的而不会对它造成破坏；（b）强化了生产者的能力和控制力。

在社会主义发展中，通过一个有能力的"国家"或相似的制度实现的计划是重要的：

> 如果没有复杂的管理和社会结构以确保民主参与、民权和经济资源的平等协调，没有国家的、没有货币的小规模的公社或其他非正式的选择性形式是不可行的……

这最后一个要求将包含依据生态社会主义的按需而不是按利润进行的资源开发与分配的一些世界范围内的交换和交流。生产不再建立在工资奴隶制基础上而是建立在自愿劳动的基础上，大多数人将希望充分发挥他们的才能并与别人相处。因此，个人愿望将在很大程度上与强烈的共同体精神相一致，虽然像拥有土地那样的一些现存"自由"将会丧失，而且，人们可能会感到巨大的压力而不想成为自由的搭便车者。

生态社会主义从广义上界定"环境"和环境议题，以包括大多数人的关切。他们以城市为基础，因此，他们的环境难题包括街道暴力、交通污染和交通事故、内部城市的衰败、缺少社会服务、共同体和乡村可接近性的丧失、健康和工作安全，而最重要的是失业和贫穷。这些难题并不是资本主义所特有的，但是，它们在资本主义中比在过去的生产方式中更加严重和具有世界普遍性。因此，基本的社会主义原则——平等、消灭资本主义和贫穷、根据需要分配资源和对我们生活与共同体的民主控制——也是基本的环境原则。真正共产主义的部分定义是，人们不再通过它体验一种环境危机：非人的自然将被改变而不是被破坏，并且，更加使人愉快的环境将被创造而不是被破坏。

实现共产主义的生态社会主义战略可能有所不同。但是，它们所共同的是承认控制而不是绕过资本主义的潜在需要。而且，作为集体性生产者，我们有很大的能力去建设我们需要的社会。因此，工人运动一定是社会变革中的一个关键力量。它将重新发现自己在这方面的潜力，并且重新恢复作为一种环境运动的特征，而这已在比如工会主义、乌托邦社会主义和回归土地运动中得到历史性的证实。

尽管没有忽视社会化、教育和观念的力量，社会变革和历史发展的途径将是唯物主义的——承认经济组织和物质事件在影响意识和行为中的关键重要性。从一个全球视角看，潜藏的阶级冲突仍潜在地是一种强大的变革力量，而阶级分析也依然重要。

当资本家控制国家时，试图暴力地击溃资本主义可能不会奏效，因而，国家必须以某种为所有人服务的方式被接受并解放出来，试图通过教育和示范性生活方式实现的一种大众意识的革命是有局限的。介入管理资本主义生产不能形成解决环境危机的根本方法，而由一个先锋队发动然后成为独裁者的无产阶级专政也是不可接受的。

直到大多数人确实希望它被创造出来并坚持它的时候，一个生态健康的社会主义社会才会到来。很可能而且令人遗憾的是，它的最大催化剂将是资本主义在如下方面的失败：（a）未能为甚至一个少数团体生产它所许诺的"商品"；（b）未能创造一个足够宽容以包容不满的其余人的物质的和非物质的环境。但是，现在，一种反对性的生态社会主义观念和行为路线的发展与扩展，将有助于资本主义的变革，并减少它的未来损失。

实践中的生态社会主义

分析我们面临的环境困境的图书存在着明显的缺陷。它们或者由于没有提出一个内在一致的、可行的行动纲领，或者虽然有一个纲领，但因为它太天真并且/或只能对能做什么和应该做什么起止痛作用而遭到批评。这部分是因为关于生活的目的和如何生活的自由资本主义的假定已经获得绝对统治地位，以至于任何转向一种基于选择性假定的社会的努力看起来或者是不合乎需要的或是无效的。这在任何文化中都是不可避免的——甚至在奥威尔的《1984》中的大多数人都"十分满意"于他们的生活，并且认为它们是不可改变的。相反地，如果行动纲领确实听起来是可行的和可以实现的，那么，或许它们很可能含蓄地赞成现存社会的经济政治范式的信条，而不可能威胁它的持续性。

本书是关于生态社会主义理论的，而这个理论指出，激进的社会变革不仅是可能的，而且是不断地发生的并且总是有可能出现。另外，生态社会主义立足于马克思主义理论的重要目的是促进"实践应用"：人类借以形成他们的历史和他们自己的普遍行动。因此，即便一本关于生态社会主义理论的书，也必须至少提出它的理论分析所赞成的各种环境行动。

生态社会主义合理地支持意在改变经济、政治和社会的大多数环境行动：即使仅仅因为做一些事情总比不作为更可取。但与此同时，它将对那些从根本上可能直接地强化现状["生态阶段"（ecotage）可能起这种作用]或间接地鼓励一种正在影响到激进变化的错误意识保持警惕（绿色消费主义、"权宜之计"的慈善，等等）。

但从前文分析中可以看出，大多数潜在有效的行为是那些强调人们作为生产者的集体力量的行动、那些直接地包含当地成员的共同体（尤其是城镇）和增加民主的行动、那些支持工人运动尤其把目标指向经济生活的行动。在下文所概括的例子中，每一个都涉及这些特征中的某些方面。没有一个事例是完全让人满意并且在理论上无懈可击的，但它们都值得生态社会主义支持和仿效。另外一些例子可以在艾金斯对发展"新"方法的描述的选集中看到。许多是由小规模的、地方的共同体和合作社发起的，它们代表了对资本主义的灾难性社会和环境后果的一个建设性回应，尽管它们作为整体是否意味着他在标题中称的"新世界秩序"是值得怀疑的。正如他所说，它们是在一种经济中行动而不是改变它的方式。但更积极和辩证地说，或许它们代表了现存的经济和社会制度不能满足的那一部分，它们通过与现存秩序的斗争将产生一个新的社会主义综合。

选自［美］大卫·佩珀:《生态社会主义:从深生态学到社会正义》,刘颖译,山东大学出版社,2012年,第63~67页、第265~269页、第281~286页。

7. 岩佐茂①:
可持续的循环型社会

　　循环型社会的目标,不外是建立以废弃物的完全再资源化(再利用)为经济体系的社会。当然,循环型社会不只是把资源循环作为目标,而且要通过资源的循环减轻对环境的压力,实现环境保护。也就是说,资源循环和环境保护是循环型社会的两个支柱。

　　但是,促进资源的循环并不一定能保证带来环境的保护,也可能发生两者背离的情况。因此,是构建资源循环作为核心的循环型社会?还是以环境保护为核心、从而带动资源的循环? 其结果将造成不同类型的循环型社会。

　　以资源循环为主轴构想的循环型社会,不过是把以前的大量生产、大量消费、大量废弃社会当中的大量废弃换成了大量再利用,成了大量生产、大量消费、大量再利用的社会。这样的循环型社会也是在大量生产、大量消费过程中大量消费能源的社会。大量消费以矿物燃料为中心的能源,会引起全球变暖和环境破坏。这样的循环型社会是大量循环浪费的社会,绝对不能说是真正意义的可维持循环型社会。政界和经济界推动的循环型社会,就是只把大量废弃换成大量再利用的大量生产、大量消费、大量再利用型社会,而没有

---

　　① 岩佐茂(1946—),于北海道大学研究生院博士课程肄业,日本一桥大学社会学研究科教授。主要著作有《环境的思想与伦理》(2007年)、《唯物论与科学精神》(1983年)、《哲学的现实性》(1986年)、《人的生存与唯物史观》(1988年)、《黑格尔用语事典》(1991年)、《〈德意志意识形态〉的诸方面》(1992年)、《环境的思想》(1994年)。

对过剩消费社会中的浪费性生活方式进行根本的改造。

从减少对有限的天然资源的消费这个视点来说，促进资源的再利用和循环是重要的课题。不过，为了实现可维持的循环型社会，必须建立以环境保护为主轴、合理处理资源循环的循环型社会。这是因为把资源循环作为主轴、然后再尽可能考虑减轻环境负荷的做法，不可能真正实现环境保护。

……

为了实现建立在再利用思想之上的可维持的循环型社会，必须要考虑以下三点：

第一，必须对大量生产、大量运输、大量消费的结构本身进行改造。为此，对减量（reduce）、再使用（reuse）、再生利用（recycling）的所谓3R思想的优先名次，不是仅在名义上，而且要实实在在地贯彻执行。此外，还要明确对于废弃物的生产者责任（扩大生产者责任）。3R思想的主旨，是重视首先从"上游"抑制废弃物的发生或者减量，其次是同一种东西要反复使用的再使用，最后是对材料进行再生处理之后再次利用。从生产的环节就抑制和减少废弃物的发生，并努力争取再利用，这就是扩大生产者责任的思想。关于这个点，后面再详细叙述。然而，循环型社会基本法虽然提出了"抑制废弃物等""再使用""再生利用""热回""处理"这样一个先后顺序——这本身是一个进步，但是却丝毫没言及使之产生实效的任何对策。而且，在现实中，尽管热回收是"循环利用"的最后一步，但是没有明确规定有关条件，热回收也称作为热量再利用，在政府的援助下大型焚烧炉24小时在各地工作着。

第二，必须将现在以矿物燃料为中心的能源政策，向以自然能源为中心转换。大量再利用浪费社会，是依赖于大量消费矿物燃料和原子能发电的大量消费能源的社会。可是，使用矿物燃料不仅造成大气污染，扰乱了人与自然界的正常的物质循环过程，同时由于排放CO_2造成全球气候变暖，也破坏了自然界的物质循环的均衡，因此是与真正的循环型社会不相容的。应该把现在的依赖于矿物燃料、原子能发电、大型水库的大规模大输送量型的发电方式，转换为讲究节能、电热并用、自然能源、燃料电池、氢能源等只在必要的地方生产必要能源的小规模、分散式的能源方式。

在日本的循环型社会的措施中,几乎看不到与能源问题相关联的议论。积极主张保护环境的人们,也往往把再利用的必要性和自然能源的必要性分开来讨论。可是,把再利用的问题与能源问题关联起来讨论是非常必要的。在这里应该注意两点:其一,热回收被叫作热量再利用,自然能源也被叫作再生能源,这些流行泛滥的表述让人产生能源也是再利用的一部分的错觉。对此,为了明确循环型社会是资源的循环,日本律师协会积极采用"资源循环型社会"的表述。不过,有必要首先明确再利用是资源的循环。其二,在资源的循环中必然伴随使用能源,因此,要尽量选择能源消费少的资源循环,推广使用清洁能源。如果在进行资源循环的同时,增加了矿物燃料排出的CO_2排放量,就不是可维持的循环型社会应有的方式。但是政治和经济界采取的循环型社会的举措,缺少了这个视点。

第三,要在抑制和严格管理有害的人工化学物质的同时,对于已经属于废弃物的东西,要明确相关规定,要把确立瑞典那样的不含有害物质的"清洁产品"的政策作为目标。因为有害的人工化学物质扰乱了自然界的物质循环之一的、人与外部自然之间的物质循环。譬如,作为循环型社会的一个举措,推进使用生活垃圾堆肥的有机农业,可是,用包含有害的食品添加物生活垃圾堆肥,会使有害的人工化学物质循环和积蓄起来。

一般推测,现在已经形成商品的人工化学物质超过了10万种,如果对此没有对策的话,就不可能形成可维持的循环型社会作为实现可维持的循环型社会的基本要点,上述的第一点经常被提到,但是对于第二点和第三点,几乎没有人讨论。这表明,人们的关心集中在怎样形成循环型社会的问题上,而对于为什么要建立循环型社会的问题,则从开始就讨论得不够。

……

应该如何构建环境伦理学

从社会性视点来看,应该如何构建环境伦理学呢? 关于这一点,在我的前一本著书《环境的思想》(1994年,创风社)中可以见到我的基本观点:第一,人是自然的一部分,生态系的一员,如果地球上的大气、水以及土壤被污染,人的健康将受到威胁而无法生存,环境伦理学必须在这一科学认识基础上主张环境保护;第二,既然环境破坏源自于一定社会关系下的人类活动,特别像生产、消费、废弃这一系列的经济活动,环境伦理学就必须是研究不会引起环境破坏的经济活动方式的伦理学。总而言之,环境伦理学必须同时具有科学性观点和社会性视点。

我依然认为这一基本出发点正是构建环境伦理学的基本要点。从我本人的观点来看,环境伦理有必要放在经济活动和环境保护的结合点上进行讨论。对环境伦理来说,首先最为重要的就是人们自觉遵守法律并提高人们遵守相关环境保护法律的道德。非法投弃等违反环境法的行为屡禁不止,这就要归到环境伦理的问题中去了。

但是,环境伦理真正追究的是发生在以下场合中的行为。即环境保护的法律体系还未被确立,即使有了环境破坏行为也不被视为违法,在其他利害关系与环境保护型行为发生纠纷时,或者在一定的科学依据下事前对环境破坏做过预测。这个时候,致力于环境保护的规范意识是由环境意识的水平所决定的,而提高该水平依靠的正是环境教育。

作为环境伦理之一的预防原则

环境伦理学必须是以环境保护为目的的伦理学。为了保护环境,对于环境伦理学来说,在"有可能"给人类生存"带来严重或者不可逆转的损害"时,事前预防环境破坏的预防原则观点就显得极为重要(参照第五章)。预防原则虽然是以一定的科学依据为基础的,但在"有可能带来严重或者不可逆转的损害"时,在"缺少完整的科学准确性"的前提下,预防原则会关系到我们应该采取什么样的行动、作出什么样的政策决定。

这也是一个伦理问题。

预防原则的伦理性有必要在两层意义上进行讨论。第一,既然避免"严重或者不可逆转的损害"是为了保护人类的生存基础,毫无疑问,预防原则就是以人类的持续生存为目的的伦理性原则。第二,在牵涉到经济利害关系时,为了在"缺少完整的科学准确性"的前提下也能遵循预防原则采取对策,不受短期性狭窄视野的限制而保持长期性的前景展望,制约经济利害关系以及个别利害关系的不可动摇的伦理性规范就显得很有必要了。

因为预防原则欲事前避免"严重或者不可逆转的损害",所以,基本上没有人会把预防原则本身视为无意义的东西从根本上加以否定。但是一旦把预防原则应用到具体的问题中进行思考时,必定会有人提出对预防原则观点的否定意见。这个时候经常被用到的一个理由就是科学性的准确程度。

在全球变暖问题上也是如此。针对防止全球变暖而采取的CO_2削减措施,那些阻挠CO_2削减政策或者欲使CO_2削减变得暧昧的势力必定会提到地球温暖怀疑论。科学依据不充分成了CO_2削减问题暧昧化的理由。

虽然不该把预防原则应用到科学依据不明确的事件上本无可厚非,但是有必要认识到科学认识总是相对的,要达到"完整的科学准确性"是很困难的。特别是在对未来做出相关的科学预测(模拟)时,基本上不可能每一个细节都做得很完整。正是利用了这一点,怀疑论被用来作为反对预防原则的借口。

但是,提及怀疑论反对预防原则的真正理由却不在于此。如果遵循预防原则,基于一定的科学依据判断"有可能带来严重或者不可逆转的损害"将要发生时,就有必要利用"费用对比效益的对策"来限制以往那些可能导致损害发生的经济活动,而其真正的理由正是想逃避这一对策。美国政府以及日本的经产省对全球变暖不热心也是出于此原因。

预防原则虽然是以一定的科学依据为基础的,但其科学准确性却是不完整的。因此,为了落实预防原则的观点扎根落脚,从而尽可能避免"严重或者不可逆转的损害发生"这一环境伦理就显得很重要了。避免环境风险、维护人类的生存基础就是以人类持续生存为目的的伦理性原则。

作为环境伦理之一的环境正义

和预防原则一样,环境正义也是一种重要的环境伦理。病人、儿童、老人、低收入人群以及少数民族等社会弱势群体最先因为环境污染遭受影响,针对这一事实,环境正义要求在享受良好坏境上面做到人人半等。

20世纪80年代,美国爆发了抗议运动,要求禁止把有害废弃物丢弃在低收入人群、有色人种以及少数民族的居住地附近,环境正义由此拉开了序幕。1991年在华盛顿召开的"第一届全美有色人种环境保护领导人峰会"上通过了由17项原则构成的"环境正义原则"。

其中的第2项原则规定了"环境正义要求将公共政策建立在所有民族相互尊重和彼此公平的基础上,避免任何形式的歧视或偏见",第9项原则规定了"环境正义保护处于环境不公正境遇中的受害者拥有得到所受损害的充分补偿和修复,以及优质的医疗服务的权利"。此外,第9项原则声明"环境正义反对跨国企业的环境破坏性创业",表达了反对全球规模的环境不公正的鲜明立场,也提到了与"未来世代"之间的关系问题固环境正义包括代际正义和代内正义。

代际正义是指为子孙后代留下良好的环境,这是关系到人类持续生存的问题。不管是可持续性问题、全球变暖问题,还是在不久的将来可能会发生的食物危机、水危机问题都是关系到代际正义的问题。这也是代际伦理或者未来世代的生存权问题,其理论依据虽然在环境伦理学中已有所论及,但是,在思考这个问题时极为重要的一点并没有给予明确,即作为现在世代,我们只有努力享受良好环境,绝不允许环境破坏,这样才能给子孙后代留下良好环境。如果不过问这一点,而只是抽象地谈论代际伦理和未来世代的生存权问题,就会把环境破坏的责任归结到整个现在世代,并将使环境破坏的原因暧昧化。

代内正义的问题是关系到同一世代的人们能否在地域规模以及全球规模上共同享受良好的环境。在美国兴起的环境正义运动是地域性运动,而在全球性的环境正义问题中极为重要的一点是如何纠正南北之间的环境不公正问题。举一个具体例子，就拿化石燃料的使用引起的CO_2的人均排放量来说，与美国的19.7吨和日本的9.6吨相比，中国仅为3.2吨，印度仅为1.0吨（2003年）。这就是关系到代内正义的问题。

对于思考代内正义来说，有两个视点不能忽略。一个是如何解决南北差距的问题，还有一个就是要关注在环境破坏中引起环境破坏的加害者和蒙受损害的受害者是同时存在的。局限于我们每一个人既是环境破坏的加害者也是环境破坏的受害者这一观点，我们就无法讨论环境正义。

不过，正义本身就是伦理性道德项目。就研究环境的方法而言，环境正义主张公平享受良好的环境，但其伦理依据却在于人道以及支撑人道的社会平等这一伦理价值中。

权利论和义务论

环境正义的前提是人类拥有平等享受良好环境的权利这一环境权观点。这就需要讨论与环境有关的社会各主体的法的义务和伦理规范。既然环境破坏是在经济活动中产生的，社会各主体就不仅仅得遵守有关环境的法律，还有必要更积极地去制定环境保护的伦理性规范。1993年制定的环境基本法在第一条中规定了"国家、地方公共团体、事业者以及国民的责任义务"。这是与环境相关的三个主体即行政机关、企业（事业者）和国民（消费者）的责任（职责）分担论，也成了之后日本政府推行环境行政的基本观点。三主体的责任（职责）分担论中存在的问题是没有明示国民的环境权而只主张国民的"责任义务"，对环境保护负有最大责任的企业的社会责任却显得过于暧昧，与消费者的责任"等而视之"。

当然，为了减轻环境负荷、保护环境，行政机关、企业和消费者自觉认识到自己的"责任义务"，共同发挥合作精神相互配合是很重要的。为此，有必要规定并实施适合行政机关、企业和消费者的法的义务和环境伦理。而成为其前提的就是环境权的观点，但是环境基本法虽然规定了行政机关、企业和国民各自的"责任义务"，却没有明示国民的环境权并使之变得暧昧不清，从而成了没有权利的责任义务论。

环境行政人员的伦理

对于国民的环境伦理来说重要之处在于，始终贯彻一种将自身活动与环境保护紧密相结合的视点。环境行政机关、企业以及消费者的环境伦理都有必要以此为依据。

首先来看一下环境行政人员的环境伦理。在环境行政中，要求他们以国民和长期视野为出发点具备环境保护政策的规范性意识。从事环境行政的人必须留心的是，作为企业、消费者、市民以及环境NGO之间的环境交流的调停人或协调人，即使是对于不方便公开的环境信息，也要采取毫不隐瞒、积极公开的姿态。

从国家的角度来讲，法律在明确国家对保护环境所应承担的责任义务，并在落实具体政策的过程中会涉及环境伦理。特别是至今为止的日本的环境行政政策，不管是在产业公害问题上，还是在道路公害和废弃物问题上，往往都迁就于经济界和企业，很难说充分采取了必要的环境保护措施。就像废弃物问题和石棉问题那样，基本上都是在环境问题到了极为严重的时刻，才采取善后的、应对疗法式对策，而事前的预防措施却很不充分。此外，在环境保护体系的建立方面，就像容器再利用和家电再利用那样，很多情况下也都听从于业界的提议，采取了偏向企业的对策措施。环境省和优先发展经济的经产省之间的政府内部争执加剧了这一倾向。

为什么会这样呢？作为国家目标的环境保护义务及其自觉性贯彻得很不彻底。政府是否坚持以环境保护为目的的环境伦理观，可以从以下几点的有无上看出来。即在环境相关法案的制定及体系的建立时，政府能否从国民视线和长期视野出发来贯彻环境保护的意志和决心；为实现环境相关法案的制定及体系的建立，政府能否发挥构想力、智慧和创意。

从自治体的角度出发，环境行政政策要应对废弃物等具体的环境问题。

沼津市提出的"混在一起就是垃圾，分开来就是资源"的口号，并率先在全国开展垃圾的分类回收运动，还有长井市的厨房垃圾再利用（彩虹计划）。这些自治体行政目光长远，懂得致力于环境保护的重要性。这个时候，行政并不是承办一切或者反过来让居民或环境NGO包揽一切，而是从市民的角度出发去重视与事业者（企业）、居民、环境NGO的伙伴关系以及为此的双向环境交流，积极公开环境信息，致力于开展民主讨论。可以说政策能否在环境保护中发挥领导作用，与主管部门深刻体会到以环境保护为目的的环境伦理之后体现出的热情和行动力是密不可分的。

作为企业的社会责任的环境伦理

说到企业，往往都是专心致力于追求利润，如果没有社会性限制，环境保护就会被扔到一边。就是因为这个才招致了产业公害。今天，国民环境意识不断高涨，企业开始转向减轻环境负荷的绿色经营（环境经营），并且从长远的眼光来逐渐认识到，绿色经营与企业的利益是相挂钩的。

在经营部门设置环境监督人员来彻底实施环境管理，减少能源消耗，开发、销售绿色产品，开展面向职员的环境教育，公布环境报告书，致力于与消费者的双向环境交流等等，这些都属于企业的绿色经营。基本点均在于在企业经营中彻底贯彻环境保护的观点。

特别在环境保护方面，正因为企业比其他社会各主体负有更大的责任，各环境领域中都会涉及企业的社会责任。因为环境破坏是在经济活动中引起的。光从CO_2的排放来看，企业生产活动中排放的部分大约占整体的85%（2004年），而在消费生活中CO_2的排放也是受商品性能（节能程度）所影响的。

以环境保护为目的的环境伦理是企业的一项社会责任。对于企业来说，利润追求和环境保护在短期内并不一定能够取得平衡，甚至在很多情况下都会有分歧，但正因为如此，在这种局势下才会考验到企业的环境伦理。德州仪器公司（Texas Instruments）的《经营伦理》（1990年）中清楚地记载了"不能因为过度追求订单、销售额或者利益而扭曲伦理原则……被迫在获得收益和坚持正确的伦理行为中做出选择时，我们当然毫不犹豫地选择正确行为"。在环境保护方面，也要求把这种明确的经营伦理作为企业的社会责任。

消费者应具备的环境伦理

消费者在环境保护中发挥的作用很大(参照第六章)，为此，在消费者的日常生活行为中，持有环境的观点、采取环境保全型行为就显得很重要了。光从生活废弃物的分类、回收、再利用来看，没有了作为直接排出人的消费者的配合是很难开展的。如果在自治体、地域、公寓、学校、企业等地对分类规则进行彻底宣传，做到人人知晓，每一个排放者都养成分类的习惯并使之成为一种生活方式，这就不是什么难事了。此外，消费者如果自己认识到生态是经济的这一观点，那么在自身的消费行动上成为聪明的绿色消费者而致力于节能活动也不是什么难事了。

在思考消费者的环境伦理时重要的是，不是必须在日常生活的所有行动中贯彻环境保全型行为，而是从力所能及的地方出发选择一两个环境保全型行为，然后慢慢扩大其范围。消费者的日常活动虽然要依靠在生活中形成的道德来支撑，但它却是依据欲望、利害以及兴趣而展开的。道德是自发的，而不是被伴随痛苦的义务感所强制的。消费者的环境伦理(道德)也毫无例外地是自发的。环境伦理的自发性是在整个社会致力于环境保护的努力中产生的，它由环境意识的水平所决定。

技术人员应具备的环境伦理

为了环境保护，不光是企业、行政机关、消费者的伦理，技术人员的伦理也是有必要问及的。军事开发另作别论，技术一般都是用于造福人类的。对人类有益、有用是技术不可或缺的。技术因为其有用性而被应用于生产及开发，但也存在着污染、破坏环境的技术。因此，在进行技术开发时，不仅有必要考虑技术的有用性，而且也有必要从环境的观点考虑新技术会给环境和健康带来什么样的影响。

关于这一点可以参考日本化学会的《会员行动规范(2005年)》。这里面谈及"对环境的责任义务"时提到了"会员负有考虑自身的工作带给环境的影响、防止环境污染、保护人的健康和环境的责任义务。此外,会员要致力于把自身学到的化学技术知识运用到保护人的健康和环境中去"。正因为它是个直接关系到涉及环境污染的化学物质的学会,所以与其他学会的伦理规定相比,这算得上是个在环境方面表示明确意志的伦理规定。

这个日本化学会的伦理规定应该适用于从事技术开发的所有技术人员。技术人员在进行新技术开发时,同时也有应"考虑到自身的工作带给环境的影响"。这与技术利用的结果相关,因此是个涉及责任结果的问题。如果是政治家,就像韦伯所指出的那样,会被追究结果责任;但是技术人员大多数是受企业雇佣的,而且是否采用新开发的技术是由企业下判断的,因此不能简单地只追究技术人员的结果责任。但是作为技术人员的道德问题,在进行新技术开发时,持有环境观点、思考这项开发会给环境和健康带来什么样的影响是很重要的。因为技术开发也和企业经营一样,使环境的观点内在化已变得越来越不可或缺了。

共生的思想与伦理

各主体通过各自所处的社会位置,使得环境保全的观点内在于每个人的活动中,这一环境观点成为与环境相关的各主体的环境伦理的基础。人类原本是自然的一部分、依赖自然生存,由于人类把自然破坏到危及自身生存基础的程度,作为一项人类的责任,如何与自然共生开始成为问题。这里必然要论及共生的伦理。

自然破坏是由人类对于自然的掠夺(exploitation)所引起的,而人类对于自然的掠夺是和人类对于人类的剥削(exploitation)密不可分的,这是马克思的观点。这个观点很重要。人类对于自然的掠夺是人类对于人类的剥削的结果,人类对于人类的剥削也是人类对于自然进行掠夺的结果。人类对于自然的掠夺和人类对于人类的剥削无非就是人类与自然、人类与人类的共生关系的异化,共生作为欲克服这种异化的理念就有了其价值意义。具备了共生价值观的共生的伦理反对人类对于自然的掠夺和人类对于人类的剥削,它是以共存、共生为目的的。

作为保护自然的理论,人类与自然共生被积极倡导,同时我们也听到有批判的声音存在。这种批判大致有以下三点。

一个是批判在人类社会中以美丽词句谈论共生概念,以掩盖现实中存在的阶级对立。但是,如果从人类对于人类的剥削是与人类对于自然的掠夺结合在一起的这一观点来看,主张人类和自然的共生的必要性就不是掩盖阶级对立,而演变为从人类相互拥有的共同性共生的视点出发,对榨取进行批判。从人类相互拥有的共同的共生的观点出发,批判市场中的弱肉强食的竞争万能主义是很重要的。

另一个批判是把作为生物学用词的共生带到人类与自然的关系中只会混淆概念。在生物学中,共生作为寄生的对立概念,指的是共同栖息,体现了生物间相互依存体系的一个侧面。但是,共生概念不仅在生物学领域,就是在社会科学领域里一般也是作为共生的理念来谈论各国国民、各民族的共生问题的。如果考虑到这一点,共生概念就没有必要限定在生物学领域中了。

第三个批判是指,"与地球共生""与自然共生"等表达方式往往被用于提高企业形象,或者以"自立和共生"的形式出现在政党的主张里,相类似的共生概念也常常被政治财经界利用,发挥着使现实中的环境破坏的原因暧昧化的意识形态上的功能。但是,即使对于共生概念的理解存有着意识形态上的对立,此时应该批判的也是暧昧的使用方法和对概念的歪曲,而不会得出不应该使用共生概念这一结论。

人类和自然的共生和人类对于自然的掠夺是互不相容的。人类与自然的共生理念批判的就是人类对于自然的掠夺。自然的掠夺不仅与人类对于人类的剥削互为表里,也是由人类能够支配自然这一观念所支撑的。但是,就像在序章中所描述的那样,人类支配自然实际上是不可能的。人类对于自然的控制也总是停留在局部范围内。因为一直以来人类即使自认为已经控制、支配了自然,也还是会遭到自然力的更大的"报复"。

人类所能做到的是,控制人类和自然的关系,使人类和自然的正常的物质循环不至于被破坏。为此,必须经常考虑人类对自然的作用会给自然带来什么影响,控制人类的活动。在这一点上,也有必要坚持使环境保全行为内在于自身活动之中这一环境观。共生的伦理正是以此为目的的。

选自[日]岩佐茂:《环境的思想与伦理》,冯雷、李欣荣、尤维芬译,中央编译出版社,2011年,第74~75页、第80~82页、第157~168页。

8. 刘湘溶等：
生态文明的核心价值理念及其实现模式

生态文明已经不是一个空洞的概念和符号了，而是现实的生活元素、客观的历史活动或过程。生态文明是在工业文明的基础上所形成的一种新的文明形态，它并不是要脱离人类文明的大道而独辟蹊径，它要继承和保留工业文明的优秀成果，克服工业文明的缺失和不足。而从工业文明的历史发展过程来看，其主要缺失就在于文明自身的扩张性品格导致各种矛盾和冲突频繁发生，导致人类的生存环境不断恶化。所以，生态文明所主要解决的问题就是要调整人类文明的发展方向，减损文明的扩张性和对抗性因素，实现人与人以及人与自然的和谐。这也就在客观上规定了和谐应当是生态文明的核心价值理念，或者说和谐是生态文明的鲜明品格。

和谐是生态文明的核心价值理念

和谐作为生态文明的核心价值理念不是人为的主观臆造，而是超越工业文明的客观需要，也是生态文明在发展过程中所逐渐显露出的品格。但是对于和谐这一范畴的把握则不能停留在朴素的经验层面，必须加以展开，例如：要对和谐的本质有确当的把握。

和谐在当今是使用频率较高的一个概念，但是在日常生活中，有人对和谐的把握或认识常会遁入一些误区之中，主要体现在：

一是把和谐看成是"原初"之和。所谓原初之和即是混沌之和，是未经分化的统一性和整体性,其间不凸显个性、不呈现矛盾、不包容差别。体现在看待问题和对待事务的态度上就是常怀思古拟古情结,认为素朴性、齐一性、均平性、稳定性才是和谐最根本的元素,故而害怕矛盾、回避矛盾、掩饰矛盾;安于现状、维持现状、力保现状;不求有功,但求无过,明哲保身。如此等等,不一而足。

二是把和谐看成是"乡愿"之和。孔子曰:"乡愿,德之贼也。"孟子曰:"阉然媚于世也者,是乡愿也。"徐干曰:"乡愿亦无杀人之罪也,而仲尼恶之,何也? 以其乱德也。"总体看来,所谓"乡愿"是指那些看似忠厚却无德性,只知道媚俗趋时、言行不一、四方讨好、随波逐流、趋炎媚俗的小人。这里所说的"乡愿"之和,就是指在对待人和事时,以失去自我、躲避竞争、丧失原则、不辨是非、骑墙摇摆的方式换得人际间一团和气或事物间暂时均衡静滞的格局。

三是把和谐看成是"服膺"之和。所谓"服膺"之和即是把和谐理解为在臣服、控制、主宰的基础上所获得的一种众口一词、完全共识的局面。所以崇尚服膺之和者通常总是反对多元参与、反对双向沟通交流、反对民主决策,习惯于诋毁个性、压抑个性、埋没个性,把增强自己的支配力和控制力看成是实现和谐的最重要的机制和途径。

凡以上种种认识,都造成了对和谐本质的曲解。

和谐的本质不在于原初的混沌,不在于缺乏竞争意识,不在于失去个性与特征,也不在于失去底线的宽厚,更不在于骄横的飞扬跋扈。那么究竟如何来理解和谐的本质要求呢?

和谐是人类始终追求的一种价值目标, 不同的文化系统中都有对和谐的诠释。

中国传统文化非常崇尚和追求"和谐"之境,中华民族素以"贵和"而著称,既有"与天地合其德,与日月合其明,与四时合其序,与鬼神合其吉凶"的宏观指涉,也有"兄弟敦和睦,朋友笃诚信"的细致训导。但是在中国传统文化中,最能体现对"和谐"内涵的精当把握且延续不绝的则无非是"和而不同""和而不流"等命题。"和而不同"的内蕴即是,不同的事物经相互协调、配合才能够形成和谐的状态,因而和谐不是同类事物的简单累计,而是不同事物相互弥合、形成合力所产生的一种状态或境界;"和而不流"的意思则是,追求人际和谐是君子风范,但是绝不能以随波逐流、任意附和、同流合污的方式来获得。也就是说,在重视多元性、正视差异性的基础上,强调通过不同事物之间的动态整合来达到和谐的境界,是中国文化精神的重要体现。而实际上,这种对和谐的把握和理解渗透体现在中国文化的方方面面:"五味相和,乃成美味""五色相和,方成文采""五音相和,音律优美";反之,"声一无听""物一无文""果一无味"。仔细体味中国文化的基本价值指向,是我们今天把握"和谐"本质内涵的重要思想前提。

"和谐"并不是中国文化所独有的概念,在西方文化中也有非常丰富的揭示"和谐"底蕴的思想观点。早在古希腊时期,毕达哥拉斯就从多个方面阐述了和谐的内涵。他将"数"视为万物的本源,认为自然界的一切现象和规律都是由"数"决定的,所以,和谐首先即是服从"数"的关系;和谐的第二种含义当属音乐中不同音符之间的合成与流动,当音节之间的音程具有同样的(数的)比例关系时就会产生音乐的和谐之美。社会和谐则是上述两种含义向社会事务的延伸,社会和谐的根本在于社会的公正,让生活于其中的社会成员在享受到必要的物质生活保障的同时,感觉心情舒畅,没有太多顾虑和担忧。毕达哥拉斯的名言定要公正。不公正,就破坏了秩序,破坏了和谐,这是最大的恶。"把社会和谐与公平正义相结合,这是西方许多思想家思考问题的不变理路。亚里士多德从目的论出发,认为和谐就是不同事物都实现了各自的目的。柏拉图提出,一个实现了社会公平的理想国度,就是要做到让社会中的不同阶层各守其分、各尽其职,即在自己所担当的职业中做到最好。西方近代以来,思想家们无论在自由主义的思路上还是在社群主义的思路上,无论在功利主义的思路上还是在理性主义的思路上来思考社会和谐的问题,都会把个体的自由和权利的保障作为首先需要考量的因素;同时就思想观念而言也十分重视,社会的和谐意味着不同观点、意见和主张的共存与融合。由此看来,在"和谐"内涵的理解和把握上,东西方文化还是有着展开对话沟通的广阔空间的。

在马克思主义的哲学体系中,"和谐"这一范畴表现为多样统一的规定,但是这种多样统一既包含量的差异统一,也包含质的差异统一,却又超出了量和质的差异统一,而表现为度的关系。也就是说,"和谐"反映了质、量统一的度的关系,具有非常丰富的内涵和辩证意蕴。"和谐"与我们平常所理解的对立统一是有共同之处的,都包含了差异、矛盾和对立,但是二者又有很大的不同,因为"和谐"消除了差异、矛盾、对立等方面因素的纯粹性和独立性,而使得差异、矛盾、对立都服从于协调一致。也就是说,"和谐"中的差异要指向统一,多样要被统一所统摄,差异不能以自身的资格片面地体现出来,否则就破坏了和谐。"和谐"作为形式规律,包含了整齐一律,平衡对称,对立(差异)统一等形式规律,它是最高级的形式规律。以此种观点来考察事物,虽然事物本身的形有大小、方圆、高低、长短、曲直、正斜等,质有刚柔、强弱、润燥、轻重等,势有缓急、动静、聚散、抑扬、进退、升沉等,但是这些彼此不同的要素统一在一个具体的事物身上却衬托出了它的完整和谐之态。社会如此——每个人的自由而全面的发展促进了社会的和谐与进步;自然界如此——多样性导致稳定性;个人亦如此——身心理欲、知情意行的平衡才能塑成一个个健康的生命个体。

通过对以上问题的剖析,我们认为对于作为生态文明核心价值理念的"和谐"本质的把握和理解要注意这样三个方面:

首先,和谐中内蕴着矛盾、差异、对抗等,正是由于事物之间存在着角逐和竞争,才形成了"和谐"的局面,无竞争之和是没有生命力的,不能长久的;"竞争"是实现和谐的动力机制。其次,"竞争"是有限度的,也就是说"竞争"是要服从于和谐、统一于和谐,竞争不能无序化;竞争是手段,和谐才是目的。再次,"和谐"是动态的、发展的、逐渐提升的;实现和谐,既是现实的承诺,也是理想的期盼。

……

生态文明的建设模式

在今天,生态文明建设已经发展成一场声势浩大的社会运动,不同国家都在思考生态文明的实现模式。从具体的路径来看,毫无疑问,生态文明的实现模式也必然体现出普遍性和特殊性相统一的特征。

(1)生态文明建设的普遍性要求

走向生态文明,对于整个世界来说是一段必经的航程,这也是人类作为一个整体最终要抵达的目标。无论是从纠正工业文明的偏失还是从生态文明的内在要求来看,生态文明的建设所涵盖的内容是非常丰富的,世界上无论哪个国家和民族要建设生态文明都必须从这样一些方面作出努力。

首先,生态文明建设就是要把协调人与自然的关系、实现人与自然的和谐作为基本的立足点。从显性的层面来看,工业文明发展所带来的最大缺憾就是造成了人与自然之间关系的紧张,文明的成果的积累是建立在过度消耗自然资源的基础之上的,这种状况使得人类文明的持续性面临威胁,也使得人类自身的生存受到威胁。所以,修复人与自然的关系,也就是修补工业文明的缺损,而这是生态文明建设所必须突出的方面。

其次,在人类的文明体系中,人与自然的关系并不是孤立的一维,它与其他各种因素也都存在着千丝万缕的联系。所以生态文明的建设还需要一个整体的支持系统,这个支持系统概括来说就是要有生态化的物质基础、生态化的动力支柱、生态化的能量转换平台、生态化的规制机制和生态化的价值导向目标。

生态化的物质基础所强调的就是要建立生态化的产业体系。这里主要是指经济发展的方式、产业的基本布局、经济发展的计量标准等方面都要符合保护环境的基本要求。

生态化的动力支柱所强调的就是要建立生态化的科技体系。尽管在工业文明时代,科学技术的发展和应用对于增强人类改造自然的能力起到了巨大作用,但是生态文明建设不能因噎废食,仍然要依赖科学技术的进步来修补已经破坏了的人与自然关系，只是科学技术的发展要受到正确的范导，使其成为生态文明建设的重要支柱。

生态化的能量转换平台所强调的就是要建立生态化的消费体系。人类的消费活动涵盖面非常广泛，衣食住行都是消费行为，生老病死都牵涉消费问题，而所有的消费活动的完成在最终意义上都会指向自然界，即要通过与自然界的能量转换来完成整个消费活动。要保护生态环境、协调人与自然的关系，必须使人们的整体的消费水平和消费方式保持一种合理的层级结构和水准，使消费活动成为促进人与自然协调发展的中介。

生态化的规制机制所强调的就是要建立生态化的管理体系。生态文明建设不是自发的个人行为，而是有计划、有步骤实施的社会实践活动，因此必须纳入整个社会的管理体制中。而且，在工业文明延续发展的过程中，已经形成了一种与其相适应的管理控制方式。如，在经济人假设的前提下，对人的管理如同对物的处置；在强调人的独立性、个体性的前提下，形成了科层制的约束形式，注重了界限明细，但却忽视了整体协调或人与人的交互性沟通；在推崇或追求效率的前提下，一切都要在所谓的规范化、数量化、范式化的审视下才能获得合法性的认同，等等。这种深深地契入工业文明时代且对传统工业化过程产生了巨大助推作用的管理体系必须予以调整甚至遭颠覆，而要建立适应生态文明发展需要的管理体系，即要重视人与自然的共同成长，重视人与人的共存共处；重视整体，强调沟通；正视差异，强调包容；重视个体在整体中的适应性和个性的发挥；等等。

生态化的价值导向目标所强调的是要建立生态化的文教体系。马克思曾经说过，历史的发展是为了人并通过人而完成对人的本质的真正占有，那么生态文明的建设也要通过人来实现并且也要以人的发展完善为目标，而要完成这样一个过程就必须形成相应的文化教育体系，以完成对人的教化和价值引导。人是历史的创造者也是历史的剧中人，人是文明的建设者也是文明的产物，每一种文明形态都会通过教化塑造出相应的人格模式，以获得文明发展的主体条件。而生态文明建设必然就要把人的教化问题凸显出来，所以建设相应的文化价值系统，引导人们形成新的与生态文明相匹配的价值观念行为模式、意志品质是十分重要的任务。

以上所述旨在从宏观层面阐明生态文明建设的总体模式，这一总体模式也是一种基本的路径。正是因为这种模式是总体的或基本的，所以也必然带有形式上的普遍性。在生态文明建设的问题上，把握和认识这种普遍性是必要的，但并不是唯一的，生态文明建设要落到实处，还必须认识其特殊性要求。

……

（2）生态文明建设的特殊性要求

诚如"条条大路通罗马"这句格言所蕴含的意义指涉，生态文明的目标或方向是确定的，但是走向这一目标的道路却并不是唯一的，而这也就昭示了生态文明建设的特殊性要求。

从总体来看，生态文明建设存在着特殊性要求的主要原因就在于，当今世界，仍然是民族国家的时代，在国际交往过程中，国家主权和根本利益都是不可超越的，因而任何全球化的吁求或人类整体的需要都要经过民族国家落实才能付诸实现。所以，生态文明建设最终也需要每个国家的努力推进才能够产生实效。

然而，每一个国家都有其历史传统和现实国情，因而在建设生态文明的过程中必须寻求自己特殊的模式，这也就是我们所说的特殊性要求的内涵所在。而从这种特殊性要求来看，每一个国家在建设生态文明的过程中都可以而且也应该探索出自己的道路来，体现出自己的模式来。

当今世界的每一个国家都有自己的历史发展过程，独特的自然条件和人文传统，一定的经济发展模式、社会组织管理机制、文化价值体系、工业化的深度和水准等，这些问题在每一个国家中都是十分具体的，而且国与国之间也不可能完全一样，因而建设生态文明的模式也必然有所不同。

然而，在这一问题上我们应当注意到，环境问题的凸显本身应当增强人的整体意识，因为生态问题不是任何一个国家和民族可能单独应对的问题，因而调整利益冲突和矛盾,在解决环境问题上共同行动、共同负责是决定人类是否有未来、文明是否能够持续永存、所有生命能否和谐共处的关键之举。但是,这种普遍性的责任要求绝不能取代每一个国家和民族独特的生存条件和有差异的发展道路,否则,普遍性的责任就会失去现实的内涵。

今天世界经济、文化的发展以及共同面对的重大问题的确产生出了许多超越民族或国家界限的物质因素和文化理念。如,商品已经成为一种超越国界的力量,资本的流动也呈现出超越国界的态势,信息的传递与共享,大众文化的普及等都表征了人类生活在一定程度上被纳入到了统一的运行模式之中。因而就有人提出,要融入世界经济文化体系和重大问题决策机制中就必须放弃民族主义情结,放弃民族国家的思维方式,放弃特殊性的价值取向,甚至放弃民族国家的主权观念等等,统一接受全球化进程的"格式化"处理。

诸如生态问题等全球性问题的凸显的确将人类的共同利益推向了现实舞台,但是这并不成为剥夺民族国家利益主体资格或独特发展模式的允分条件。实际上全球化进程中所暴露的问题并非民族主义与现代化的冲突,而是狭隘的经济视角、封闭或傲慢的文化心态、孤立保守的经济运行机制同全球化进程中所要求的合理分工、彼此尊重、包容差异的秩序之间的矛盾,也就是说,世界新格局的形成和文明新形态的产生绝不是要否定民族国家追求自己的发展道路。相反,保持自身的特色和优势是更好地参与全球化进程的重要举措。

在建设生态文明的过程中,今天世界各国人民面临着各自不同的生存发展境遇,因而有着不同的起点,有的国家人多地少,有的国家则人少地多;有的国家已经有几百年的工业化过程,有的国家还以农业立国;有的国家的人均GDP已经达到很高水平,有的国家的人民尚未解决温饱问题。生态文明建设在强调全球合作的前提下,更要强调各国基于自身的现状和特点选适合自己的发展模式,不顾客观实际,完全照搬他国模式是有百害而无一益的。

长期以来,在谋求全球合作的问题上,发达国家与发展中国家的利益摩擦是世人皆知的,其主要原因就在于发达国家硬要将广大发展中国家纳入由其制定的发展框架中,硬要发展中国家承担他们不应当承担而且也无力承担的责任,结果造成许多国际性协议只具有形式上的意义,并不具备实际的内容。

本来不同的民族和国家选择自己的生存模式完全是自由的或自然的事情,因为每一个民族和国家所处的环境不同,文化传统和民族精神也各具特色。但是,一些率先走上工业化道路的国家依仗其在经济和技术方面的先发优势强制干预其他国家和民族的发展模式,并按照他们的思维逻辑和价值标准来划分所谓的优等民族与劣等民族、先进国家与落后国家、文明社会与野蛮社会,然而对他们所认为的劣等的、落后的、野蛮的予以武力压制和各种歧视,试图将整个世界操控于自己手中。经过几百年的历史发展,这些国家努力通过制造市场神话和发挥所谓的文明示范效应以领袖群伦,使人们在生产方式和生活方式上亦步亦趋地追随它的轨迹。因而,我们必须清醒地认识到,取消或漠视民族国家的生存发展选择权的全球化是一个可怕的陷阱,因为"在强者宰制的世界里谋求一体化,不可能有真正的平等、民主和公正"。

在生态文明建设的问题上,广大发展中国家选择自己的道路和模式尤为重要,正如印度学者Ramachandra Guha在《激进的美国环境保护主义和荒野保护——来自第三世界的评论》一文中所指出的,把美国所奉行的深生态学背景下的荒野保护策略强行在印度推行是有害的,因为"印度是个长期定居高密度人口的国家,农业人口与自然之间有着良好的平衡关系,而保留荒野地区就会导致自然资源从穷人直接转移到富人手里。如被国际保护团体欢呼的老虎项目的公园网是一个成功的典范,老虎项目明确地假设老虎的利益和住在保护区及四周的贫穷农民的利益是冲突的。老虎保护区的设计要求村庄和它们的居民搬迁,保护区的管理要求长期地把农民和家畜排除在外。为老虎和其他大型哺乳动物(如大象和犀牛)建立公园的初始动力,来自两个社会群体:首先是以前的猎人转变为保护主义者,他们属于大部分印度联邦衰落中的上层人士；其次是国际机构的代表，如野生动物基金会（WWF）和国际自然和自然资源保护联盟（IUCN），他们试图把美国自然公园的系统植入印度土壤中，而不考虑当地人口的需要，就像在非洲的许多地方，标明的荒野地首先用来满足富人的旅游利益。直到最近几年，荒野地的保护才被国家和保护精英认同为环境保护主义。那些更能直接打击穷人生存的环境问题——如燃料、饲料、水资源短缺、土壤侵蚀、空气和水污染——还没有恰当地处理。可能出自无意，在一种新获得的极端伪装下，深层生态学为这种有限和不平等的保护实践找到了一个借口。国际保护精英正在日益增加使用深层生态学的哲学、伦理和科学证据，推进他们的荒野"十字军"。

印度学者对印度环境保护的这种看法对于我国生态文明的建设也是有启发意义的。

走中国特色的生态文明建设之路

通过对生态文明建设普遍性和特殊性要求的分析，具体到中国的生态文明建设，可以非常确定地得出这样的结论：中国的生态文明建设必须走出自己的道路或者探索出自己的模式。

那么这条道路和模式应当是什么呢？

胡锦涛在中国共产党第十七次全国代表大会的报告中对于中国的生态文明建设进行了系统的阐述，这也明示了中国特色的社会主义生态文明建设的道路或模式，概括来说主要体现在如下几个方面。

第一，必须积极吸收和借鉴国外已有的经验成果。建设生态文明或者走生态文明的道路是每一个国家和民族都必须承担的责任和使命，但是中国是在经济全球化的背景下进行生态文明建设，因而中国的生态文明建设决不能走封闭发展、建设的道路。当今，在经济全球化的深入发展、科技革命加速推进的条件下，全球和区域合作方兴未艾，国与国之间相互依存日益密切。所以，中国的生态文明建设必须积极吸纳和借鉴国外的先进经验和成果，并且要充分利用国际平台调整产业结构、转变经济增长方式和消费模式，降低污染物排放，提高生态环境质量，全面踏实地完成生态文明建设的普遍性要求。

第二，必须立足于中国的现实国情。除了按照生态文明建设的一般要求进行之外，中国特色的生态文明建设必须是符合中国国情的。我国仍处于并将长期处于社会主义初级阶段，这就是对我国现实国情的集中概括。这表明，尽管新中国成立特别是改革开放以来，我国取得了举世瞩目的成就，但是基本国情并没有改变，人民日益增长的物质文化需要同落后的社会生产力之间的矛盾这一社会主要矛盾没有变，人口多、底子薄、城乡区域发展不平衡、生产力不发达的状况仍然是我国最大的实际。我国在发展中所遇到的问题，无论是规模还是复杂性都是世所罕见的。所以，在这样的现实条件下进行生态文明建设就必须考量人民的生存问题、发展问题、富裕问题、尊严问题，即坚持生产发展、生活富裕、生态良好的文明发展道路。任何照搬国外的模式，抛开具体国情的浪漫的想法在实践中都只会结出苦果。

第三，必须发挥制度优势。发挥制度优势就是发挥社会主义制度在组织管理生态文明建设中的优势地位和作用。当今世界各国都在推动工业文明的转型，着力推进生态文明建设，但是在不同的社会制度下的生态文明建设所走的道路是有根本区别的。马克思主义的创始人虽然没有明确地提出生态文明建设的问题，但是他们明确指出，对自然的压榨和对人的统治在私有制条件下是无法从根本上消除的，社会主义代替资本主义不仅要彻底消灭人与人之间的对立而且也要消除人与自然之间的对立，这就像恩格斯所指出的：……人们就越是不仅再次感觉到，而且也认识到自身和自然界的一体性，而那种关于精神、物质、人类和自然、灵魂和肉体之间的对立的荒谬的、反自然的观点，也就越不可能存在了。"但是要实行这种调节，仅仅有认识还是不够的。为此需要对我们的直到目前为止的生产方式，以及同这种生产方式一起对我们现今的整个社会制度实行完全的变革。"在生态文明建设过程中发挥社会主义制度的优势实际上主要是体现在这样几个方面。

（1）凝聚全社会的力量共同致力于生态文明建设。社会主义制度作为一种政治制度是要履行其政治统治的职能的，而"政治统治到处是以执行某种社会管理职能为基础的，而且政治统治只有在它执行了它的这种社会管理职能的时候才能维持下去"。社会主义制度条件下的社会管理要达到的目的是："社会化的人，联合起来的生产者，将合理地调节他们和自然之间的物质变换，把它置于他们的共同控制之下，而不让它作为盲目的力量来统治自己；靠消耗最小的力量，在最无愧于和最适合于他们的人类本性的条件下来进行这种物质变换。"也就是说，在生态文明建设过程中，充分发挥社会主义制度的优势就能够使生态文明建设获得最广大人民群众的参与和支持。

（2）生态文明建设的成果由全体人民共享。生态文明建设不仅要调动人民群众共同参与，充分发挥他们的主体作用，而且生态文明建设所取得的成果也要回到人民群众身上，为他们所共享，这也是社会主义制度优越性的体现。环境保护或生态文明建设在西方一些国家已经进行了若干年，但是由于带有明显的"中产阶级情调"或浪漫主义色彩而使得生态正义问题凸显，也就是说，他们的生态文明建设在很大程度上是为了满足社会富裕阶层的生活需要，而社会中产阶级以下的成员却常常要承担由此而带来的生态负担。充分发挥社会主义制度的优势就会避免这种现象，使得中国的生态文明建设之路成为一条真正引导全体人民走向幸福生活的康庄大道。

（3）生态文明建设不能采取转嫁生态危机的手段。西方国家在发展工业化的过程中走的是一条先污染后治理的道路，而且这种后治理的方式在很大的程度上采取的是转嫁生态危机的做法，即把能耗高、污染严重的企业迁到发展中国家，或者干脆把有害废物运输到发展中国家处理，这种生态殖民主义是资本主义制度的必然产物。在坚持社会主义制度的前提下进行生态文明建设决定了我们绝不可能采取生态殖民主义的手段来转嫁危机，而只能通过自己的努力，通过制度的规范约束，努力走出一条将生态化与现代化统一起来的发展之路。

第四，必须坚持马克思主义的指导地位。马克思主义是中国现代化建设的指导思想,也必然是建设社会主义生态文明的指导思想。这里所特别强调的是，在生态文明建设的问题上坚持马克思主义的指导思想就是要遵循马克思主义的自然观来处理人与自然关系的问题。

人与自然关系的问题是人类社会的永恒问题，长期以来对于这一问题也形成了各种不同的观点。近年来,西方的激进环境主义自然观发展传播很快,也在我国理论界产生了一定的影响。激进的环境主义自然观以反对人类中心主义为逻辑起点,强调自然的现在性、自组织性或自为性,主张自然价值的独立性、非工具性和自我目的指向性。激进的环境主义自然观在实践上主张依靠自然界自身来修复已经破损了的人与自然的关系,尽量减少人的、社会的、文化的、技术的等因素对自然界的干预,提出了体现"自然中心""生命中心"和"生态中心"的各种口号。

实际上,激进的环境主义仍然是一定社会条件下的产物,先发的工业化优势、人少地多的客观实际、自由主义的文化传统、生态殖民主义的行径等都成为激进的环境主义形成的酵素。而从理论的实质上看,激进的环境主义所坚持的就是马克思主义所反对的抽象的自然观。

马克思和恩格斯所批判反对的抽象的自然观主要有三种表现方式:一是强调自然界的自我运动,排除任何目的对自然的干预;二是把自然和历史对立起来,满足于撇开社会历史条件,泛泛地谈论自然,从而使自然抽象化、虚假化和虚无化;三是把自然科学与人类的社会生活割裂开来,从而最终导致自然科学与人的科学的对立。用抽象的自然观来看待历史的发展和文明的进步，不仅会忽视自然因素的重要意义，而且也必然会消解人的实践意义,从而挖掉历史和文明大厦的根基。

因此，马克思主义历史观的核心就是强调自然的历史和历史的自然的统一,即决不能完全离开人的目的性、人的实践、人的社会关系、具体的社会历史条件来看待自然界以及人和自然的关系。

用马克思主义自然观指导中国的生态文明建设既是对人类文明发展规律的肯定和尊重,也是对中国的国情的客观把握。同时,中国的生态文明建设与物质文明、精神文明、政治文明建设联动推进，人与自然和谐相处的实现与民主法治、公平正义、诚信友爱、充满活力、安定有序的实现之间的密切关联，生产发展、生活富裕、生态良好目标的统一等，都是坚持马克思主义自然观指导中国生态文明建设的生动体现。

第五，必须承接优良文化传统。继承和发扬优良文化传统是形成民族特色不可替代的重要维度，中国特色的生态文明发展道路应当充分吸取传统文化的精华，从而使得中国的生态文明建设获得更加深厚和广泛的人文支持。前文已经谈到，中国作为农耕文明的一个中心，在与自然界打交道的过程中，形成了独特的生态智慧，体现出了中华民族独特的生命意识和人生觉解。中华文明绵延流长，虽然在走向工业化的过程中失去了先发优势，但是并没有失去可持续发展的基础，这也体现在人与自然的和谐关系没有遭到完全的瓦解，而这与中国传统文化的润泽是分不开的。中国传统文化中不仅有诸多的协调人与自然关系的行为规范和管理制度，如"时禁""节欲"等，而且更重要的是有着丰富的精神积淀，这些精神就像"胎记"一样，在一代代人身上都有遗传，难以磨蚀。如"天人合一""民胞物与"的境界，宇宙论与人生论的统一等都是有着重要现实意义的文化因子，它们既可以通过生态文明建设体现出来，也可以作为生态文明建设可资利用借鉴的重要文化资源。

第六，必须坚定地落实科学发展观。科学发展观，是对中国共产党第三代中央领导集体关于发展的重要思想的继承和发展，是马克思主义关于发展的世界观和方法论的集中体现，是同马克思列宁主义、毛泽东思想、邓小平理论和"三个代表"重要思想既一脉相承又与时俱进的科学理论，是我国经济社会发展的重要指导方针，是发展中国特色社会主义必须坚持和贯彻的重大战略。

生态文明建设从实质上说是一个发展问题，它以人与自然关系的良性发展为关节点，从而带动经济、文化和社会的发展，所以，建设生态文明是落实科学发展观的应有之义。科学发展观，第一要义是发展，核心是以人为本，基本要求是全面协调可持续，根本方法是统筹兼顾，而这也是中国生态文明建设所要体现和贯彻的根本目标和必须坚持的方法路径。因此,走中国特色的生态文明建设之路就必须以坚定地落实科学发展观为归宿。

　　选自刘湘溶等:《我国生态文明发展战略研究》,人民出版社,2013年,第74页、第77~86页。

9. 马德哈夫①:
这片开裂的土地

　　当一种资源利用模式与另一种由不同社会和生态原则组织起来的模式接触时,我们认为会有大量社会冲突发生。事实上,两种模式的碰撞总是导致大量暴力、有时是种族屠杀的爆发。这种冲突最典型的、有史可查的就是新大陆的土著狩猎–采集者/游耕农业人口和欧洲殖民者先锋之间的冲突,这些欧洲殖民者从事的是完全不同的农业体系。近年来,作为获胜一方的白人血统的历史学家,非常敏感地描述了这场冲突的生态起因,这场冲突导致了土著人口的大量灭绝,而逃过这场毁灭的那部分人也遭受了创伤。然而,正如本书第二章提出的,对于旧世界而言,这些事件并非全新的历史。因为美洲印第安人和欧洲殖民者之间的无情冲突早在几千年前就已经发生了——这发生在入侵的农业民族对印度土著狩猎–采集者的征服过程中,在印度史诗《摩诃婆罗多》中,征服者的神圣经文清晰地记录了这一冲突。

　　在欧洲,农业与工业模式之间的冲突所导致的环境和社会代价,已经被许多杰出的历史学家出色地记录下来;工业资本主义的崛起不仅彻底改变了土地和工作场所中的各种关系,而且也改变了因开发利用自然而产生的关

---

　　① 马德哈夫·加吉尔(Madhav Gadgil,1942—),班加罗尔印度科学研究院生态学研究中心教授,印度著名生态学家。1973—2004年,他受聘于印度科学研究院并设立生态学研究中心,从事生态学研究及相关工作,主要论著有:《这片开裂的土地:印度生态史》(1992年)、《生态与公正》(1995年)、《促进生物多样性:印度的一项议程》(1998年)。

系。虽然因圈占先前的公共土地，以及因国家要求控制森林而引发的冲突，可能不如狩猎-采集者和新石器时代民间的冲突那样残酷，但也使人类付出了沉重的代价。正如一位美国林业专家援引德国历史上国家和地主对森林的圈占所导致的冲突，现简要引述如下：

> 自然，所有这些原始公共财产所属情况的改变并非没有摩擦，对抗经常以农民反叛的形式表现出来；在农民试图保护他们的公共土地、森林和水资源免费为所有人开放，重新确立他们狩猎、捕鱼和砍伐树木的自由权利，以及废除特权、取消农奴身份和税负的过程中，有成千上万的农民被杀害。

即使在那些没有公开反叛的地方，农民也会偷猎和盗窃林产品。这种"犯罪"是非常普遍的。1850年，在普鲁士有265000起木材盗窃记录在案，而普通盗窃案仅有35000例。在利用资源的阶级斗争中，一边是农民，而另一边是地主和国家，盗木贼正在"捍卫他们的整个经济体系——建立在集体使用权基础上的家庭经济"。的确，直到20世纪，欧洲的林务官还不能够完全排除使用者的传统权利，这是农民抗争国家森林管理的结果。在美国南部也同样如此，在非农用地上，狩猎和放牧的公共权力顶住了来自地主和国家的压力，这种情况一直持续到20世纪的前几十年。

欧洲的经历是可以与印度直接进行比较的（这在第五章和第七章将详细阐述），在那里，农业模式与工业模式相碰撞，极大地加剧了因森林资源引发的社会冲突，尽管殖民主义做了一定程度的调解。在东南亚和非洲的殖民社会，出于战略和商业目的而接管林地也同样引发了国家和农民之间的痛苦冲突。在此我们必须注意到，殖民主义生态控制方法也加剧了农业部门内部的斗争。我们想到两个例子，一个是在殖民地和半殖民地社会中，大规模经济作物种植与奉守传统农业的农民之间因森林、土地和水资源而引发的冲突。另一个是白人殖民者通过建立禁猎区，限制为生计而进行的狩猎-采集和放牧的行为。

除了采集者-农民、农民-产业工业间的冲突外——这两种冲突生动地呈现在神话和历史中，第三种模式之间的冲突支配着中世纪的欧洲和封建的亚洲，这就是农业和游牧模式间的冲突。虽然也有许多游牧民族-农民互利共生的例子，比如在休耕地上放牧牲畜，并以肥料为回报，但这两种模式之间在历史上以冲突居多。在近东，中世纪的资料记载游牧民族驱赶他们的牲畜到已播种的田里放牧——这是一种对牧民有利，但对耕种者非常不利的活动。当农民改变种植作物时（例如播种棉花），冲突也会发生，因为这种作物在旱季没有遗留残茬。在两种资源利用模式的冲突中——两种资源利用模式在时空上多半重合，游牧民族有时会极大地扩展他们的资源库——正如中世纪时期中亚的蒙古人——然而有时他们自己的生境也在稳步地萎缩——正如现代印度由于森林保护和灌溉农业的扩张所导致的局面一样。

模式之间冲突的最后一个实证来自当代西方。近年来，在工业资源利用模式的信徒和一种奋力产生的新的模式之间，一种独特的新形式的生态冲突已浮出水面。于是，尽管信奉科学的林业人员和工业企业继续将森林主要视为采伐的一种资源，但在西方环保运动的观点中，森林被当作远离枯燥乏味世界的"港湾"和生物多样性的"蓄水池"而应被保护起来。虽然这种冲突绝不像早期资源利用模式间的冲突那么剧烈，但是，工业模式和环保人士所谓的"后工业化"模式之间的思想差异也不能小视和低估。

模式间冲突中，有两个方面需要强调。第一，除了社会冲突的大量爆发，不同模式之间的冲突也标志着生态破坏速度的飙升。公元前1000和公元前2000年印度-恒河平原的森林砍伐，18世纪欧洲沼泽的干涸，殖民时期印度森林覆盖率的破坏——所有这一切都证明：环境的巨大破坏与一种新的资源利用模式的出现有关（当然，如果一种后工业化模式出现的话，可能会扭转这一趋势）。当某种模式最终胜出时，社会冲突和生态失衡的程度会缓慢地减轻，这种减轻是可以觉察得到的。

第二，虽然在最基本的层面上，不同资源利用模式之间的冲突是一种为控制生产性资源而进行的斗争,但它总是伴随着意识形态上的辩论,这种辩论都在证明各自模式的合理性。就采集社会较低的生产率和对自然的浪费而言,农业社会通常会证明他们对采集社会土地和资源的接管是合理的,美洲的殖民者在征服印第安领地时就利用了这一差异为其行为辩解。同样,当工业模式的信徒为其主张辩护时,他们使用了科学保护的花言巧语。据称自然资源管理的科学模式是一种独特的现代创新,并且,尽管早期的宗教和风俗习语认为人与自然的相互作用关系是合乎自然法理的,但是自然资源的科学模式先天就优于那些早期的宗教习俗。因此,由于对工业模式的普遍不满在现代环保运动中得到了发泄,在一切都说完做完后,人们普遍支持宗教和习俗在自然利用方面比现代"科学"方法更加谨慎节俭这一说法,不足为奇。

模式内部的冲突

在资源利用的不同模式内部,社会冲突的起伏消长也许不像历史和神话中所描述的模式间的暴力斗争那么明显。然而,这样的冲突绝不是不存在的。人类的大多数灵长类亲缘动物都卷入到控制和拓展群落领地的斗争中,而且,自从原始人类起源开始,他们很可能就已参与到这种争斗中。距今3万年前的暴力死亡化石证据少之又少,那时现代智人(modern homo sapiens)已经有了符号交流的能力,并最终兴旺起来。从那时起,领地控制的争斗无疑成为大多数狩猎–采集社会的一个特征,这正如在新几内亚、新西兰和亚马孙等这些偏远地区人类学家所记录和证实的那样。

当人类采用更先进的资源利用模式时,这种模式内部的冲突会变得更加复杂。当某个模式在理念上的典型特征,如本章前部分所概括的,被觉察到正在被扭曲以促进某一特定社会的终结时,这些斗争就会变得尤为激烈。例如,当封建领主不遵守道德经济的传统法则时,或者当森林法和科学的实施及推广被视为只利于特定阶层而不是所有等级时,这种资源利用模式的意识形态基础就会瓦解。在这种情况下,冲突而非合作成为模式内部关系的特征。

再看农业模式,在历史的许多时期,农民和封建主之间围绕自然资源的冲突一直频繁地发生。例如,在英格兰,围绕森林权而衍生的冲突在13世纪和14世纪非常激烈,这是一个人口压力上升和耕地面积扩大的时期。由于农民偶尔也会侵入领主和寺院圈占的林地,故因木材盗窃而发生的起诉数量不断增加。德国曾发生的最伟大的反封建起义之一,即1525年的德国农民战争,一个重要诱因是围绕森林和牧场而发生的冲突。在法国,16—18世纪,农民不断起义以反抗封建领主霸占那些早期为公共所有的森林、湿地和牧场的企图。最后,我们注意到,对种植园主圈占公共牧场的抵抗在20世纪早期的墨西哥也相当普遍。

模式内部冲突的另一种形式——也是欧洲成熟的封建主义的特征,与农民对牧场及用材林的使用权有关,这些森林被贵族阶层保留下来专门用于狩猎。虽然在一般情况下,农民难以挑战这一垄断(尽管他们暗地里不停地破坏这种对资源的垄断),但当国家"衰弱"之时,他们会迅速且强有力地维护他们的权利。因此,在伴随法国革命而掀起的农民起义风暴中,农民成群闯入贵族的狩猎保留区并"坚决地进行狩猎"。1905年俄国革命期间,在反抗的浪潮中,农民同样侵入贵族控制的森林,这已被载入史册。

随着农业模式向工业模式的转变,农业模式内部的矛盾和冲突在加剧,因为农业社会的一个阶级较快地适应了即将到来的模式之社会生态取向(例如,圈地运动中的封建主)。但是,工业模式内部冲突的特征——尤其是资本主义社会的多样化——是明显有别的。第一,为了实现和获得非农用土地的合法所有权以及生物资源的处置权,资本家彼此之间发生持续不断地斗争,他们与国家也会发生对抗。第二,森林开发业本身的工业化创造了一个新的工人阶级,在木材采伐和加工部门中,他们的利益与资本家的利益并不总是协调一致的。

这些模式内部冲突的方式以及解决的方式,使得生产方式(马克思主义所定义的)和与其相对应的资源利用方式(我们在此定义的)之间的相互关系变得更为清晰。当然,在狩猎–采集者的那种自然经济中,生产方式同时也是资源利用方式。在农业和工业模式中,这种联系更为复杂。在前一种情况下,即使围绕土地而产生的不对等关系被勉强接受,但农民坚持他们对自然的"馈赠品"拥有完全的使用权。当欲圈占土地的封建主和有狩猎爱好的君王通过限制公共权力的行使而违背契约时,农民则起而抵抗,斗争的强度逐步升级。由于生产模式的稳定运行,封建领主对土地(及其产品的一部分)的权利及对生物资源的权利之间,肯定存在着一些差异或不同。

工业资本主义模式的稳定运行同样要求在农场/工厂与森林之间的财产权关系问题上存在一种差异。虽然前者私有权居主导,但森林在更大程度上为国家拥有和控制。然而,政府干预的潜在逻辑正是为了确保工业模式的稳定运行,因此从长远角度考虑,应该调和资本家之间的矛盾和分歧。

……

印度生态–文化演变的大致轮廓和轨迹,从狩猎–采集模式开始经由农业模式最后到工业模式,这种工业模式一直试图在次大陆的生态史上留下鲜明的印记。印度的经历无疑是以殖民对抗为特征的:这个意义上,它不同于其他两个亚洲大国日本和中国所走过的道路。由于偶然逃脱了欧洲的殖民主义,日本的生态变化几乎沿着一种自治道路走过来,并且迄今为止它是唯一一个成功地过渡到工业社会的主要亚洲国家。中国的经历同样令人感兴趣:虽然工业化的步伐明显缓慢,但国家主导的社会主义特征与既有的财产关系使它的生态历史产生了与众不同的变化。而日本大量地利用了东南亚和南美的自然资源,中国如同印度一样,在其工业化战略中很大程度上不得不依赖于本国的资源。

日本和中国的生态史正在寻找他们的编年史学家,这无疑将会展现一些令人感兴趣的与印度的比较。在这里我们更关注从历史学家广泛研究的生态–文化变化的两种进程中得出的经验教训——成功工业化的欧洲"奇迹"及在新世界中新欧洲的不公平负担。虽然历史学家相对来说可能忽视了欧洲新石器时代革命的环境影响,但很多给人以深刻印象的著述都在从社会与生态维度书写这个大陆上农民与工业模式冲突。总结一种广为人知的历史,这种冲突似乎可以在两种主要途径中得到解决。

(1)新能源(主要是非生物)的发现,连同科学和技术革命,推动了生产力前所未有的发展。因此,工业扩张能够吸纳大量农村过剩人口。然而,对这些欧洲科学和技术成就的盛赞常常会模糊非植物原料取代植物在这一转变中起到的关键作用。18世纪早期更有效率的煤炭利用方式的发现导致了在重要的冶铁部门煤炭迅速取代木材。并且由于马饲料的缺乏,推动了探索新动力的尝试,直至蒸汽机被发明。最后,钢铁取代了木材成为建筑及纺织机器用材。正如一位法国观察家在1817年写道:"这种由铁器不断取代木材的情况根本不是一种狂热或心血来潮的结果:这是由于在英国木材的价格过于昂贵,而相比之下这种金属的价格却较低。"到1700年,英国已经破坏了本土的森林及其在爱尔兰殖民地的森林,由此,英国被非木质替代品的及时发现和发明给解救出来。

(2)殖民扩张的内容包括原材料开发和在新征服地区安置剩余人口。尤其是在早期阶段,殖民与国内经济的需要紧密联系在一起。正如很多年前卡尔·波兰尼所观察到的,也即为满足日益增长的人口对粮食的需求而发生的土地商业化和粮食生产的增加,殖民主义紧随其后成为第三个也是最后一个阶段,在该阶段地球上的资源从属于欧洲工业化的需要是绝对必要的。最后,无论如何,这些土地上巨大的自然资源和移民公司的协作,在新世界的许多地区创造了一种工业化的自主过程。

因此,新世界的殖民主义为生态-文化变化的这两种方式规定了一种有机联系。这对理解现代世界是必要的,当依据它们自己的情况来判断时,两种方式明显是成功的:的确,它们总是高高在上而成为其他文明效仿的模式。这并不是说它们是和谐的。新世界的殖民化导致了土著文化和人口的灭绝,同时工业革命也并非是没有痛苦的过程。然而不管付出怎样的代价,这些进程最终导致了繁荣、相对平等与和谐社会的建立。此外,这些社会没有那种面临迫在眉睫的生态崩溃的前景。当然,在其边界之外他们的行为并不一定具有生态约束特征,例如,日本跨国公司对巴布业新几内亚和加里曼丹原始森林的大规模采伐就是这样一个实证,同样声名狼藉的是"汉堡效应",在那里数百万英亩亚马孙雨林遭到破坏,为的是养牛以满足美国市场的需要。然而在他们的国土内部,很多(尽管不是全部——欧洲的酸雨可为例证)工业社会在保护他们的森林方面会做得很好。在一些地区,例如美国东北部和日本,茂盛的森林如今已经充满在那些被采伐了几个世纪的土地上。

印度同欧洲相类似,它经历了长达几个世纪的复杂农业文明;然而从所遭遇的欧洲殖民主义的劫掠和蹂躏角度看,它更像新世界。在很大程度上,我们回避了印度殖民化实际上使欧洲"奇迹"多大程度上成为可能的问题,我们尝试证明事情的另一个方面,也就是殖民主义在次大陆的影响。英帝国主义不能消灭印度人口——具有讽刺意味的是,它启动了一个人口膨胀的过程——但它确实破坏了且可能是无法挽回地破坏了印度社会的生态和文化结构。并且在它正式离开印度海岸之后,留下了未完成的任务,这些任务被继任的民族主义精英们以饱满的热情重新拾起,他们坚定地投身于工业化的资源密集型经济发展模式,结果加剧了由英国人开启的生态和社会紊乱进程。

从生态视角来看,印度前工业与工业化文化的冲突可在小生境的封闭和创建中表现出来。印度同其他地方一样,英国侵占了狩猎-采集者利用的生境,这些狩猎-采集者有很多也从事游耕农业,通过割断他们与未耕土地的联系,大量减少了食物生产者占据的生态位空间。到了19世纪,欧洲文明的资源加工者和运输者具有更大的资源获取权利,这在很大程度上是因为他们具有开发额外的能源和原料的技术能力。他们的竞争力远远高于印度的手艺人和工匠、流动商贩并侵占了他们的生态位空间。印度人拥有的生态位空间的大量减少只是通过新生境进行少量的补偿,这些新生境向不列颠的合作者开放,在资源的掠夺和运输中,这些合作者是他们的职员和贸易对象。

前英属印度的文化阶层,包括僧侣和行政机构,任用贸易伙伴中的商人和店主充填文职工作。随着时间的推移,这些组织发展起来,并步入了现代资源加工产业。但其他人——狩猎-采集者、农民、工匠以及游牧和非游牧民族——为了粮食生产都不得不挤入已经缩小的生态位空间中。并且,我们已经看到,他们过着一种极为贫穷的生活。

英国人统治时期,他们阻止印度人从事以现代技术为基础的资源加工和运输业,以及使用化石燃料和其他现代能源。然而,随着时间的推移,这个阻力被打破了,印度开始了工业化。事实上,新兴的印度资产阶级为民族运动提供了经济上的支持,因为他们意识到在一个独立的国家中将面对更少的竞争。印度独立后,工业实业家能够引导国家走上利于他们的发展道路,也即全部国家补贴都可用以强化对像土地、水、植物、矿产和能源这样资源的开发利用上。

这种努力不得不在严重的制约条件下进行,因为与欧洲的情况不同,欧洲是在相同的工业发展阶段获取新土地的资源使用权,而印度人则被限制在已遭受多种形式的资源枯竭的土地之内。而且,由于技术进步提供了各种形式的有价值的能源和原料,这些能源和原料以前几乎没有什么价值,西方世界再一次有机会(条件)获得越来越新的资源。印度发现自己在这种技术更新和资源创造的竞赛中越来越落后。这种不利局面可从印度流向西方的资源净流出中反映出来,这些资源是鱼类、铁矿石或受过专门训练的劳动力。

同时,在国内,强化资源利用的努力进一步加速了资源从耕地和非耕地流向资源加工者——工业和围绕这些工业而发展起来的城市群。就能源和物质循环被扰乱的现有程度而言,这种循环最终必定终结,而不可能无限地维持下去。事实上,他们正在导致耕地和非耕地生产潜力的持续下降。通过引水灌溉、使用农用化学制品和引入高产作物,农业生产的灾难性后果得以避免。处于耕作中的土地,这种流入量被限制在20%以内。尽管如此,它成功地将粮食产量提高到足以满足全部人口的生存需求水平——尽管对于不同社会阶层而言所获粮食份额的严重不等仍然存在。

这样,在推行集约农业的土地上粮食生产的生态位空间有了极大扩展。

资源的加工和运输、信息处理和资源掠夺生态位空间也同样得到了扩展。不过，对那些依赖于寻找资源的人——无地者、小农、渔民和传统的资源加工者（手艺人和游牧民）来说，这些远被生存型农业土地上生态位空间的不断收缩所抵消。人口数量的整体增长加剧了这些困难。后果是在农村和城市中出现了资源争夺和激烈冲突，这些农村和城市是那些被从其他地方赶出来的人的聚集地。

虽然基于不同族内婚群体间的低水平的生态位重叠的传统关系已经被打破，但族内婚的界限依然存在。因此，族内婚种姓群体依然保持为文化的统一体，但没有共同的信念体系将他们联结在一起。在目前生态位空间收缩的情况下，功能实体不复存在，等级社会和社团建立，但彼此相互对立，结果是社区和种姓暴力的冲突达到了令人恐惧的程度。

在印度，农民和资源利用的工业模式之间的持续斗争分为两个阶段：殖民时期和后殖民时期。当印度醒来的时候留下了一片开裂的土地，从生态和社会角度看其开裂的程度难以置信，在一些评论家看来已经无法修复。我们将从这里走向何方？效法欧洲或新世界的工业发展模式似乎并不是现实的期望。不再有适用的疆土来轻易地安置我们的人口，也没有能够轻易获取的替代能源或建筑材料，使我们能够预防森林资源愈发枯竭的形势。在这两个方面，西方世界已经抢先控制了人类的三分之二，被控制者可被归于"第三世界"的名目之下。大多数第三世界国家从农业向工业模式的转变并不很彻底，而且，这种不彻底在未来可能会保持很长一段时间。

印度的环境争论所运行的轨迹与它的西方伙伴完全不同，这不足为奇。西方环境保护论者思考的是"后工业"经济的到来，而且多半没有意识到其工业经济对世界其他地方带来的破坏，他们正接近"后物质主义"的观点，在这种观点中森林对经济生产不是核心问题，但对提高"生活质量"（quality of life）更重要。在印度，相比之下，围绕森林问题和环境问题的争论，更多源于生产和使用问题。这些具有争议的问题包括工业和农业部门围绕自然资源的相关权利争论（并且在部门内部，存在着大小单位的权利要求），自然地使用是为了生存还是为了利润,个人、社团、国家各自的所有权要求,以及在一种可供选择的发展战略中事关自然资源管理角色和作用的争论。

但是,这些争论将产生一种资源利用的新型模式,还是会导致一种将我们的社会团结起来的新的信念体系,现在来说还为时过早。

选自[印]马德哈夫·加吉尔、拉马钱德拉·古哈:《这片开裂的土地:印度生态史》,滕海键译,中国环境科学出版社,2012年,第29~33页、第151~155页。

10. 张晓玲：
关于可持续发展理论

背景

当前，对"可持续发展"的定义并未获得普遍认同。但是，有一种定义被人们所熟知，即1987年《布伦特兰报告》提出的"既满足当代人需求，又不损害后代人满足其自身需求的能力"。针对该定义，后续研究对"可持续发展"的解释大多围绕人类需求和价值观展开，其强调未来，并具有时间依存性。然而，Giddings等指出，"可持续发展"是一个模糊的概念，可以形成不同的"衍生物"。该想法一经提出，就被不同的政府机构、私营企业、社会和环境活动家所采纳，并且他们站在各自立场抽象出多重内涵。

同时，Spangenberg指出，目前多数国家制定有可持续发展战略，但其重要性和意识形态互有不同。这种差异，一方面源于社会经济条件和物理属性，另一方面则源于相关者的利益纠葛。例如，Jenkins指出，解决生物多样性和气候变化等问题，需要跨地域、跨部门协作（如协同金融、政治、交通等领域），但这可能与保护人权和消除贫困等问题相重叠。虽然上述问题并非相互矛盾，但关键在于如何设置其"优先权"，如何制定具体方案以权衡各方利益。这一难题，鲜有方法可以完美解决。

实际上，许多经济学家提出的"双赢"概念可以被称为是"乌托邦"。因为"取舍"是不可避免的，需要用令人信服的方式来补偿。因此，所谓的"可持续发展"事实上留给社会和决策者诸多问题。例如,需要维持什么? 什么会受到人类系统急剧扩张的危害? 必须追求哪些目标? 哪些东西必须保护? 这样做的共同基础是什么? 当然,在狭义背景下(如特定组织),可持续发展或许并不是什么大问题;但是,在省市、国家或全球这样更大的空间内,可持续发展问题将变得愈发复杂。这可能是因为人们普遍接受的可持续发展定义本身,缺乏对空间尺度的洞察。

作为了解可持续发展的关键环节, 区域规模的重要性可以从我们身边感知。例如,人口增长是阻碍全球可持续发展的主要因素,其后果是"高度局部化"的;再如,从历史上看,东南亚地区不情愿地经历了水稻种植的转变;抑或近年来,废弃物跨国转运处理的公平性问题。应对此类问题,如何从空间的角度去理解"可持续发展"显得尤为重要。因为,某地区的可持续发展,可能会受到另一个地区(尤其是缺乏可持续性地区)的诸多影响。

人类已经意识到,由环境的不可持续性引起的"涟漪效应"可能会产生深远影响。例如,人口迁移和犯罪率上升等。类似地,"可持续性变迁"现象作为一种回应,被定义为面向可持续社会的根本转变。该现象见证了地方特性和其他相关因素的空间属性,包括:政治环境、自然资源禀赋、资源管理,以及当地的技术和工业专业化等。

尽管这种"地方特异性"被逐渐认可,但已有研究多侧重于较窄的城市或地方尺度,尤其忽略了可持续发展的"跨境影响"。而这种"跨境影响"对于某一地区来讲,是否是负面的? 如果是,这在恢复到可持续状态的过程中是如何平衡的? 事实上,可持续发展的"社会-地理"影响过程通常仅发生在特定区域,即实际地理位置对其有重要影响。故有学者强调,空间相关性对于理解可持续发展是一个决定性因素。

因此,本文的目的在于,回顾可持续发展概念的演变过程,并融入对地域"特异性"的考量,从而提出一种观点:可持续发展不能仅以代际公平的方式来定义,还需以国际的公平为依据,这将有助于实现可持续发展的根本目标。本研究通过追溯过往文献,思考并强调现阶段面临的主要挑战,探索基于跨空间视角的可持续发展观。这或许将是我们今后看待可持续发展科学的范式转变。

可持续发展概念的演变

世界环境与发展委员会(WCED)在1987年发表了《我们共同的未来》报告,这被认为是建立可持续发展概念的起点。当然,任何概念的引入都是一个进化的过程,随着参与者和环境的不同,其被进一步修改与重铸。根据Mebratu的观点,可持续概念的发展可分为3个时期:前斯德哥尔摩时期(1972年之前)、从斯德哥尔摩到WCED时期(1972—1987)、后WCED时期(1987年至今)。下面,分阶段对其进行阐述。

(1)前斯德哥尔摩时期

①人类对生存的日益关注

据Mebratu所述,可持续性的概念存在已久,特别是对可持续与不可持续做法的辨别。Lumley和armstrong也指出,早在18、19世纪,诸如国际和代际公平、自然资源保护和对未来的关注等问题已经被欧洲哲学家们所热议。例如,Weber和Freud认为:人类需要选择牺牲一定程度的个人自由才能实现更加安全、平衡的社会生活。这种思想与今天的可持续发展观不谋而合。再如,1864年Marsh在其工作中发现,地方层面做出的改变会对全球产生影响。这一想法得到了Shaler的支持,他开始在工组中强调当代人的道德义务:为子孙后代争取一个美好的未来(即"可持续发展的代际平衡")。此外,Kidd认为,对于人类活动导致自然资源退化的担忧在几个世纪前就被预计到了。Boulding也曾强调,未来的地球很可能会成为资源有限的封闭实体,所以人类必须找到维持循环生态系统的方法。

②环境限制与承载力论述

Malthus(1766—1834)被认为是第一个预见到资源短缺导致经济增长被限制的学者。他与David Ricardo(1772—1823)共同提出了"环境限制思想"。Malthus认为,土地是一种绝对资源,随着人口增长,人均粮食产量将会下降;

当人类的生活条件降低到仅能维持生存，那时人口或将停止增长。同时，David Ricardo认为，如果自然资源开始变得稀缺，经济增速将会放缓。因为，一旦农业用地的人均产量减少，人们将被迫向其他产量更低的土地迁移，这将进一步阻碍经济的发展。虽然上述思想都存在缺陷（如默认总生产曲线恒定），但是这种环境限制理论有足够的理由被认为是可持续发展概念的前身。

同时，为定义可持续发展的起源，Kidd着重强调了承载力的概念。他指出，这一概念早已被用来描绘人与自然的关系，因为地球的承载力决定了增长的极限，从而最终创造出可持续发展的意识。Sayre进一步解释说，自19世纪70年代以来，关于人与自然承载力概念的认知始终存在，当时的学者曾深入了解承载力对于山区部落的重要性以及如何通过机械或熟练的技术来提高这一能力。Bentley和Smith分别在牧场环境下做了一系列探索工作，将"原始承载力"与"实际承载力"加以区分，前者被认为是固定的，而后者可以通过投资加以改善。此后，对承载力的解释与可持续性的概念颇为相似，且均强调"目前的使用不应造成长期损害"。

③环境运动走向政治舞台

20世纪60至70年代，越来越多的人开始关注环境保护。1962年由Rachel Carson撰写的《寂静的春天》展示了杀虫剂对鸟类和其他动物群体的不良影响，指出将有害化学物质释放到环境中而不考虑其长期影响是部分人类的严重错误；她认为，人类的贪婪是造成大面积环境损失的主要原因，人类不能将自己视为地球的主人，而应该自视为地球系统的一部分。本书受到评论界的高度赞扬，认为它对理解"极端污染并不是增长的必然均衡"产生了深远影响。在此阶段，美国环境运动爆发，源于污染企业的发展问题导致石油泄漏、火灾和其他环境灾难。同时，受到物质财富积累和越南战争等影响，迫使美国地方和联邦政府颁布各项法律、法规来处理空气污染、水污染、荒野保护等问题；并最终签署《国家环境政策法案》，为可持续发展的正式出现奠定了基础。

（2）从斯德哥尔摩到WCED

1972年在斯德哥尔摩举行的联合国人类环境会议，深入探讨了环境的重要性问题，人们意识到：环境管理已迫在眉睫。会后，美国保护基金会出版《粗心的技术：生态与国际发展》一书，展示了一系列工业化发展对环境造成严重损害的案例。其表明，技术的进步是通过对自然资源的无情开采而产生的，工业化发展应当优先和充分考虑其对环境的影响。同期，"罗马俱乐部"就自然环境状况做出全面评估，其强调：如果继续按照20世纪60至70年代的经济增速发展，大部分工业社会将会在未来几十年内超越生态界限。此外，自斯德哥尔摩会议之后，人们很少再将"环境"与"发展"定义为独立的个体；随后几年，术语从"无破坏的发展"演变为"无害环境的发展"，最终促使"生态发展"于1978年在联合国环境规划署审查报告中首次出现。可见，这次会议在推动可持续发展概念化方面发挥了重要作用。

根据Tryzna的观点，国际自然保护联盟（IUCN）在1980年首次尝试将环境和发展整合到保护领域。但是，"可持续发展"这一术语仍未能以书面形式出现。遵循这个改善环境与发展的概念，1987年WCED发表了报告——《我们共同的未来》。报告中，将可持续发展定义为：既满足当代人的需求，又不损害后代人满足其自身需求的能力。该定义一度被广泛视为"可持续发展"的官方定义，但这也正是当前诸多争论的起点。

（3）后WCED时期

毫无疑问，WCED对"可持续发展"的定义是一个重要转折点。仅1987至1992年间，已先后产生约70种不同的关于"可持续发展"的定义，并由此引发激烈辩论。例如，Redcliff等一批学者，逐渐将"可持续发展"演绎为一种真理；但是，Riordan认为这是一个矛盾的概念；而Holmberg认为，"可持续发展"的概念仍在发展、演变之中，需要根据空间和时间的不同来完善。同时，Holmberg强调：不符合跨国公平的发展不是可持续发展。

1992年举行的联合国环境与发展会议（又称"里约会议"或"地球首脑会议"），是WCED之后的又一次突破。会议内容主要集中在以下领域：①制定

"21世纪议程";②发表《里约宣言》;③开启《联合国气候变化框架公约》;④签署《联合国生物多样性公约》。随后,建立了可持续发展委员会、可持续发展机构间委员会和可持续发展高级别咨询委员会机制。此次峰会成功地鼓舞一代研究人员更加深入、全面地思考可持续发展问题,同时鼓励各国政府朝可持续发展方向努力。

但是,正如Daly所述:虽然"可持续发展"取得了新的政治共识,但是这一术语被许多地方所吹捧(甚至被制度化);将其奉为预期变化的指南仍然是危险的、模糊的。他进一步强调:这种"模糊"不再是协商一致的基础,而是分歧的滋生之地。Bressers和Rosenbaum也提出了类似观点,他们认为,每当依据"可持续发展"来讨论公共政策的实际影响时,往往只能以模棱两可的辩论结果而告终。因此,可持续性常常被批评为过于含糊、复杂以及脱离实践。但是,Costanza等辩解道,人们被批评家们误导了,因为他们并没有考虑到这个概念应用的前提,如特定的时间和空间范围。虽然长期以来,"规模"已经被确定为可持续发展的一个方面,但实际上仍然存在着歧义。因为,可持续发展可以用不同的"尺度"来看待,其相关信息可能会因"规模"而发生改变。

基于上述分析,本文将进一步探讨可持续发展概念在国际空间环境中的影响。但在此之前,需要简单论述可持续发展的形式及相关经济学原理,这是理解国际空间公平的必经之路。

可持续发展的形式

Williams和Millington指出,人类需求与地球供应能力之间存在着不匹配的情况(即"环境悖论")。为了克服这种不匹配,需要减少需求,或者提高地球的供应能力,抑或找到一个折中的方式来沟通二者,即可持续发展进程。理论上讲,这一进程可大致分为"弱可持续发展"和"强可持续发展"两种类型。前者涉及增加供应量,而不影响经济增长;后者则涉及控制需求,即干扰经济增长。二者虽然在理论上相互排斥,但在实际中能够共存。

（1）弱可持续发展

"弱可持续发展"是一种以人为中心的观点。其中，"自然"被认为是一种资源，为了实现人类目标可以使其效用最大化。该观点本质上认为"自然资本"与"人造资本"之间具有可替代性，即只要资本存量的总价值保持恒定（或增加），使其保留给子孙后代，它们所产生的利益种类就不会有差异。例如，假设科技进步可以满足日益增长的人类需求，则不需要对人类需求加以遏制。

理论上讲，在弱可持续发展中，"人造资本"可以无限制替代"自然资本"。但是Nielsen指出，这种替代实际上是有限度的。该想法得到了WCED的支持，尽管科学发展能够增加自然资源的承载力，但这是有限的。因此，需着重强调，人类实践活动需要以渐进的、可持续性的形式进行，并且需要科技支撑以减轻自然压力。

（2）强可持续发展

"强可持续发展"是一种以"自然"为中心的观点。其认为，"自然"不必在任何时候都对人类的需求有益，并且人类不具有剥削"自然"的固有权利。持此观点的学者认为，人类应该减少对自然资源的索求，鼓励在满足生存需求的基础上，建立更为简单的生活方式。并且其倡导者认为，自然资本不可能被人造资本完全取代。人造资本尚可以通过回收和再利用的方式来扭转，但某些自然资本，如物种，一旦灭绝就不可逆转。因为，人造资本的生产需要以自然资本为原材料；所以，其永远不能成为自然资本的全面替代品。

尽管"强可持续发展"限制了自然资源的使用，但其限制程度取决于不同的理论学派和区域特征。事实上，几乎没有社会不把经济置于自然之上，因此"弱可持续发展"观念通常占据主导。但是，不可否认，人们已在关注如何挽救关键的自然资本，甚至不惜以牺牲经济为代价。

可持续发展理论和经济学

强、弱两种可持续发展思想，均围绕自然资本和经济增长展开。下面，继续从经济学视角理解自然资本与经济增长的关系是如何形成的。

(1)新古典经济学

新古典经济学倾向于简化机制。根据该理论,自然资源可以被估价(取决于其交换价值)。例如,Pigou强调了自然资源在货币上的效用,并考虑用货币分析来解决经济的外部性问题。基于该思想,人们对具有较高市场价值的资源给予了更多偏爱,而将缺乏市场价值的资源排除在计算之外。基于对资源消耗的关注,Solow表明,市场具有自我调节的能力,即市场上的资源稀缺,价格会上涨,消费者转向购买其替代品。这种做法正是"弱可持续发展"的主要依据,即随着时间的推移,效用和消费都不会下降,因为其认为自然资本是完全可以被替代的。但是,此方法受到了诸多批评。例如,Naredo指出,该方法缺乏对自然世界复杂性相互作用的理解,忽视了不能以货币或技术取代的资源。

(2)环境经济学

环境经济学,可被用来处理环境和可持续发展问题。它扩大了新古典主义方法的分析范围,开发了一系列评估外部环境成本和效益的方法,以便包含更加全面的环境经济价值。例如,在水坝的成本效益分析方面,Krutilla对景观设施的损失赋予了较高的经济价值,而这种价值通常不被重视。但是,环境经济学依然被认为是实行"弱可持续发展"的手段,因为,通常作为技术标准发展的监管工具(例如,命令和控制机制)或在政府和行业之间就标准达成的自愿协议,在经济价值方面没有充分的成本效益。尽管这些缺陷可以被改进,但货币收益往往占据上风。

(3)生态经济学

生态经济学与环境经济学的区别仍然是有争议的。在实践中,二者似乎都在以类似的技术方法来衡量可持续发展。然而,生态经济学在其定性结构方面与环境经济学有很大差异。因为,生态经济学将经济概念化为生态圈的一个开放的子系统,这个系统将能源、物质与社会生态系统相融合。同时,与新古典经济学不同,生态经济学强烈坚持自然资本是不可替代的,其认为:

如果没有自然资本的投入，人造资本就无法复制；因此，自然资本必然是需要被保护的。这与"强可持续发展"的思想相契合。

可持续发展的空间维度

随着对"自然"认识的加深，人类更需要从跨空间的角度来理解可持续发展。早在20世纪初，Lotka就提出一种担忧：即从政治上讲，人们可能只生活在自己的国家，但是从生物物理学角度来看，人类向大气排放的二氧化碳已超过维持全球生物过程所需的10倍之多。众多研究表明，这种矛盾的产生源于缺乏对空间尺度的"先验性"思考。

Cash等认为，虽然可以假设人类行为在某些地理空间范围内是有界限的，但实际上这些空间并非彼此孤立。若为了一个地区的利益而消耗另一个地区的实际产能，这是缺乏"层级空间"公平的。WCED在首次提出"可持续发展"概念时曾强调，其根本目的在于"资源保护"和"社会公平"。接下来，本文就将"层级空间"的平等维度引入"可持续发展"，以期为该领域做出贡献。

（1）走向层级空间的平等

根据《布伦特兰报告》和《里约宣言》，可持续发展已经成为一种全球现象。但是它也因缺乏实证的适用性而饱受批评。例如，Kairiukstis指出，可持续发展只有在适合的区域规模下才能落实，因为小规模更容易被理解和控制。可持续发展的主要倡导者也以类似的方式解答了这一问题，因此在1992年《里约宣言》中引入了"21世纪议程"，它的宗旨是"全球化思考，本土化行动"。虽然这些地方行动的规模，从社区扩大到国家，并且充斥着领土意识；但是这种地方参与和地方行动的数量开始增多。如果不考虑内部空间的作用效果、不同空间可能出现的相互矛盾，这也许是一个很好的办法。

虽然像"内部空间"或"内部空间平等"等术语在可持续发展的文献中并没有被明确使用，但越来越多的研究表明，空间维度对于理解可持续发展的逻辑概念至关重要。例如，Niu等作为最早的几位研究者之一，指出了跨国界空间的不可持续性问题。其通过南亚引水项目导致的下游后果，以及破坏亚马孙热带雨林对全球造成的影响表明：特定区域内发生的行动可能不会对当地产生影响，但需要对可能减少的基础资源或造成另一地区的社会经济损失负责。因此，其强调：可持续发展的定义应该具备空间属性。此外，Kates等提出，有必要从局部地区到全球进行关键资源的整合。Blaschke认为，可持续发展的概念过于以人为中心，而不关心它的后果；对空间的展望对于理解人类与生物物理环境的相互作用至关重要。Zuindeau也指出，邻国之间存在不平等和不平衡的现象，只有包含"外部可持续性"，区域可持续的做法才有意义。

（2）迈向"可持续发展科学"

"可持续发展科学"，是由Kates等开辟的新兴研究领域，其强调"自然-社会"互动机制在发展的名义下的有机融合与强化；旨在建立一种全球南北合作与沟通的平台，并通过自然科学和社会科学领域的交叉成果，为制定适当的可持续化方法、推动相关机制改革做出实际贡献。可见，"可持续发展科学"的核心领域是跨学科综合而成的，通过系统创新、共同研发新识，为实现可持续发展建立"自上而下"和"自下而上"的中间路线。简言之，可持续发展科学，就是通过采取必要步骤来实现可持续发展。因此，"可持续发展科学"理论是"可持续发展"的又一转折点，其必将超越南北半球之间的古老谈判（发展中国家多在南半球将环境保护视为对发展的威胁，而发达国家多在北半球要求发展中国家通过控制发展来保护环境资源）。

可持续发展的核心问题

"可持续发展科学"作为新兴领域，其相关研究表现为不同规模的（从地方到全球）具有过程效应的"健康"方法；并且必须强调，它是以"实践"为前提的。而且在实践中，它是跨学科的或预备跨学科的，这意味着研究者的想法不能脱离技术专家和管理者的实施情况。我们已经明确，在过去30年中，"可持续发展"的概念是如何从"以经济、社会目标为中心"向"以环境为中心"转变的。虽然，关于空间尺度的研究，没有明确提及他们对可持续发展科学的贡献；但是，后者发现：基于地理位置的多学科整合是最有效的。下面，笔者以此为出发点，提出一套有价值的核心问题。这些问题将促进对"可持续发展科学"的全面理解。

（1）如何将"地方"的经济、社会、生态等方面的相互作用，更好地纳入到"全球"范围，以加强对"自然-社会"互动机制的理解？

（2）能否针对特定环境，制定可持续发展的具体方法？ 这些方法能否阻隔其他地方产生的负面连锁反应或不可持续性？

（3）如何匹配与地方发展特色相适应的技术？ 例如，在贫穷国家引进新技术时，它们是否有足够的资源维持这样的科学发展进程？

（4）针对全球性问题采取的措施，如何避免各利益团体"受力不均"？ 例如，如何避免在"小地方"（或受到冲击的地方）和"大规模政权"（或做出决定的地方）之间采取不公平的措施？

（5）能否根据历史经验和文化差异选择管理模式（如"自上而下"还是"自下而上"），以更好地实现可持续发展，而不是整片区域"一刀切"？

（6）各层面（宏观、中观、微观）决策者对实现可持续发展有何重要影响？ 哪些政策工具、市场机制会影响其决策？ 决策者如何监测、评估整个执行过程？

可持续发展的研究策略

为了解决上述问题，"可持续发展科学"需要制定出相应的研究战略，观察跨国界的"自然-社会"互动情况，帮助特定区域实现过渡，使其采用可持续的方式与周围环境交换物质和能量。基于理论追溯和讨论，本文提出如下策略：

（1）针对气候变化、扶贫、城市发展和生物多样性保护等世界性问题，需要制定足够灵活和具备实际效用的举措，以适应当地条件，实现最终目标。

（2）超越正在进行的谈判，世界各国应该在寻求保护自然资本方面达成共识，即在实践中采用"强可持续发展"机制。

（3）全面识别"人类–环境"互动机制，帮助地方适应或恢复由于跨空间活动带来的积极或消极影响。

（4）识别跨境信息流动（横向和纵向）的行政结构网络，以检查可持续性转型的波动效应。

（5）在引入工程技术、方法之前，全面考虑现有资源在给定区域内的"亲和力"和"持续力"。

（6）要扩大传统技术的可持续发展，而不是一味地用新技术取代它们；并向世界其他地方推广这种理念。

结语

对于拥有近14亿人口的中国来讲，"可持续发展"绝不能只是一个漫天飞舞的标语或口号。我们常常对"可持续发展"寄予了最高的期许，要让它在这片国土扎根，让它在世界绽放芳华。但是，我们必须要明确："可持续发展"的概念是有活力的，却还不完善，它仍在不断地被改写与重铸。将"层级空间"的平等维度引入可持续发展，号召人们关注国际公平而非仅仅是代际公平，这是本文的目的所在。同时，"可持续发展科学"是基于实践的，它将成为该领域的又一转折点。今后，中国学者也需竭力在可持续发展的"方法"而非"口号"上下功夫，关注可持续发展的核心问题，探索并实践适合中国特色社会主义的可持续发展战略，并维护我国在国际上的正当发展权益。

选自张晓玲：《可持续发展理论：概念演变、维度与展望》，《中国科学院院刊》，2018年第1期。

附录：21世纪中国可持续发展大事记

2001年

3月15日,九届全国人大四次会议通过《中华人民共和国国民经济和社会发展第十个五年计划纲要》,《纲要》提出环境保护奋斗目标,要遏止生态恶化,加大环保力度,提高环境质量。

9月4日—6日,由政协全国委员会主办、全国政协人口资源环境委员会、外事委员会和国家环保总局、国家林业局共同举办的"21世纪论坛——绿色与环保2001"在北京举行。

10月13日—15日,环境与发展国际合作委员会二届五次会议在京举行,会议讨论通过了《第二届中国环境与发展国际合作委员会第五次会议给中国政府的建议》

10月29日—11月9日,《联合国气候变化框架公约》第七次缔约方会议在摩洛哥马拉喀什举行,172个国家、234个国际组织和非政府组织的代表出席了会议。中国代表团参加了会议。

2002年

1月8日,为总结"九五"期间的环境保护工作,布署落实全国环境保护"十五"计划,明确"十五"期间全国环境保护工作的目标、任务、措施和地方政府及国务院各部门的责任。

1月11日—13日，2002年全国环境保护工作会议在京召开，会议主题是贯彻第五次全国环境保护会议精神，落实《国家环境保护"十五"计划》，部署2002年环境保护重点工作。

3月28日，国家环保总局印发《全国生态环境保护"十五"计划》。

6月5日—9日，可持续发展世界首脑会议第四次筹备会在印度尼西亚巴厘岛召开，中国政府代表团参加并作大会发言，来自170多个国家、70多个国际机构的2000名代表和4000多名非政府组织成员参加。会议对《可持续发展世界首脑会议执行计划》《政治宣言》等文件进行了谈判。

8月26日—9月4日，可持续发展世界首脑会议在南非约翰内斯堡开幕，来自世界192个国家包括104个国家元首和政府首脑在内的7000多名政府和各界代表出席会议，国务院总理朱镕基出席首脑会议并发表讲话。经过10天与会代表的共同努力，会议通过了《约翰内斯堡可持续发展承诺》和《可持续发展世界首脑会议执行计划》。

9月3日，国务院总理朱镕基在约翰内斯堡可持续发展世界首脑会议上宣布，中国已经核准《〈联合国气候变化框架公约〉京都议定书》，表明中国参与国际环境合作，促进世界可持续发展的积极姿态。

10月16日—18日，全球环境基金（GEF）第二届成员国大会在北京国际会议中心召开。国家主席江泽民出席开幕式，并发表了题为《采取积极行动 共创美好家园》的重要讲话。会议通过了《北京宣言》。

2003年

2月3日—10日，联合国环境规划署第22届理事会暨全球部长级环境论坛在肯尼亚内罗毕联合国环境规划署总部召开，中国政府代表团出席并在部长级论坛上发言。会议就联合国环境规划署工作内容和方向达成了共识。

3月9日，中央人口资源环境工作座谈会召开，胡锦涛总书记和朱镕基总理分别发表重要讲话。

2004年

11月6日,由全国人大环资委、发展改革委、科技部和环保总局联合主办的中国循环经济发展论坛在上海举行,会议通过了《上海宣言》。

12月23日—24日,全国环境规划工作会议在北京召开。会议总结了"十五"以来的规划与财务工作,讨论并部署了国家环境保护"十一五"规划基本思路。

2005年

10月10日,国家环保总局印发《关于推进循环经济发展的指导意见》。

10月13日,中石油吉化双苯厂发生爆炸,苯和硝基苯等污染物泄漏,造成松花江流域重大水污染事件,引起社会媒体和俄罗斯方的关注。

10月18日—20日,第三届中国环境与发展国际合作委员会第四次会议在北京召开。

2006年

4月17日—18日,为贯彻落实《国务院关于落实科学发展观加强环境保护的决定》,总结"十五"全国环保工作,研究部署"十一五"全国环保工作,国务院在北京召开第六次全国环境保护大会。

2007年

1月12日,为了进一步落实国务院《关于落实科学发展观加强环境保护的决定》,国家环保总局发布《关于加强建设项目环境管理严格环境准入的报告》,采取"区域限批"等措施,使环境准入进一步成为国家宏观调控的重要手段。

7月9日,国家应对气候变化及节能减排工作领导小组第一次会议在北京召开。

10月15日，中国共产党第十七次全国代表大会隆重开幕。胡锦涛总书记在报告中强调，要深入贯彻落实科学发展观，促进国民经济又好又快发展，加快推进以改善民生为重点的社会建设，把环境保护摆上了重要的战略位置。

2008年

11月12日—14日，中国环境与发展国际合作委员会（国合会）2008年年会召开。国务院总理温家宝会见了外方人士，就在当前国际金融危机蔓延和加剧、世界经济增长放缓的形势下，中国如何正确处理促进经济平稳较快增长与保护生态环境的关系，实现可持续发展坦诚、深入地交换了意见。

2009年

1月12日，2009年全国环境保护工作会议召开，会议强调要坚持以科学发展观为统领，积极探索中国特色环境保护新道路，为促进经济平稳较快发展做出更大贡献。

2月17日，联合国环境规划署第25届理事会会议暨全球部长级环境论坛就"全球危机：迈向绿色经济"主题展开部长级磋商，208个国家的政府部长和国际组织负责人出席论坛。

7月21日，中国环境宏观战略研究座谈会在京召开。国务院副总理李克强出席座谈会时强调，要深入贯彻落实科学发展观，从战略上进一步加强环境保护，把生态环保作为保持经济平稳较快发展的重要举措，把节能减排作为调整经济结构的有效途径，努力实现清洁发展、节约发展、安全发展和可持续发展。

11月11日，中国环境与发展国际合作委员会2009年年会召开。国务院副总理、国合会主席李克强出席开幕式并讲话。国合会中外委员、有关国家和国际组织驻华使节代表、国内外专家学者200余人参加了大会开幕式。

12月7日，联合国气候变化大会在丹麦首都哥本哈根开幕。本次会议正式名称为"《联合国气候变化框架公约》第15次缔约方会议暨《京都议定书》第5次缔约方会议"。会议主要讨论在2012年《京都议定书》第一承诺期到期后的温室气体减排安排。

12月18日，哥本哈根气候变化会议领导人会议在丹麦举行。100多个国家的领导人以及联合国及其专门机构等国际组织负责人出席了会议。中国国务院总理温家宝与会并发表了题为《凝聚共识 加强合作 推进应对气候变化历史进程》的讲话，全面阐述中国政府应对气候变化问题的立场、主张和举措。

2010年

1月27日，国务院总理温家宝主持召开国务院常务会议，讨论并原则通过《国家环境保护"十一五"规划中期评估报告》。会议肯定了环保工作取得的进展。会议还听取了第一次全国污染源普查情况汇报。从2008年初开展的第一次全国污染源普查，查实了全国主要污染物排放总量，摸清了污染源的流域、区域和行业特征以及治理情况，掌握了农业污染源信息数据库，强化了环境保护基础工作。

5月5日，《国务院关于进一步加大工作力度确保实现"十一五"节能减排目标的通知》发布，我国将从14个方面进一步加大工作力度，确保"十一五"实现单位国内生产总值能耗降低20%左右的目标。

5月7日—9日，绿色经济与应对气候变化国际合作会议在京举行。来自印度、墨西哥、印度尼西亚、格林纳达等国的环境部长、官员和气候变化谈判代表出席了会议。

5月18日，国务院副总理、国际生物多样性年中国国家委员会主席李克强主持召开国际生物多样性年中国国家委员会全体会议并讲话，强调要按照建设生态文明的要求，遵循自然规律和发展规律，把保护生物多样性与优化发展结合起来，把资源有效保护与合理利用结合起来，加快经济发展方式转变，推动可持续发展。会议审议了我国生物多样性保护有关文件。

9月17日,全国环境保护部际联席会议暨海河流域水污染防治专题会议召开。通报了海河流域水污染防治"十二五"规划编制情况。

同日,环境保护部印发《中国生物多样性保护战略与行动计划》(2011—2030年)。

10月27日—29日,生物多样性公约缔约方大会第十次会议高级别会议在日本名古屋召开。来自190多个国家和地区的100多名部长出席了会议。会议围绕"实现2010年生物多样性目标的经验和教训及对未来的展望"进行了讨论。中国政府代表团出席会议并在高级别会议和非正式不限名额部长会议上发言,全面阐述了中国在获取和惠益共享、公约2020年战略目标及资源调集战略等谈判焦点议题上的立场和主张,介绍了中国在生物多样性保护方面所做的工作及经验,表示中国愿意与各方面开展广泛对话、交流与合作,共同推动全球生物多样性资源的保护、可持续利用与惠益分享。

11月10日,以"生态系统管理与绿色发展"为主题的中国环境与发展国际合作委员会2010年年会在京开幕。国务院副总理、国合会主席李克强出席开幕式并讲话,指出中国将坚持科学发展,加快转变经济发展方式,牢固树立绿色、低碳发展理念,大力推进体制机制创新和科技创新,加强资源节约和生态环境保护,提高生态文明建设水平。

2011年

1月13日,2011年全国环境保护工作会议在京召开,会议强调,"十二五"是中国环保事业充满希望的五年,全国环保系统要紧紧围绕科学发展的主题、加快转变经济发展方式的主线和提高生态文明水平的新要求,把加强环境保护与转方式调结构、惠民生促和谐有机结合起来,在新的起点上全面开创环境保护工作新局面。

7月16日—17日,由全国政协人口资源环境委员会、科学技术部、环境保护部、住房和城乡建设部、北京大学和贵州省人民政府共同主办的2011生态文明贵阳会议在贵阳召开。会议主题是"通向生态文明的绿色变革——机遇与挑战"，并发表了《2011贵阳共识》。

12月20日，国务院副总理李克强出席第七次全国环境保护大会并发表讲话，强调环境是重要的发展资源，良好环境本身就是稀缺资源，要全面贯彻落实中央经济工作会议精神，按照"十二五"发展主题主线的要求，坚持在发展中保护、在保护中发展，推动经济转型，提升生活质量，为经济长期平稳较快发展固本强基，为人民群众提供水清天蓝地干净的宜居安康环境。

2012年

4月25日，国务院总理温家宝在斯德哥尔摩与瑞典首相赖因费尔特共同出席斯德哥尔摩+40可持续发展伙伴论坛部长对话并发表演讲。

6月20日，国务院总理温家宝在巴西里约热内卢出席联合国可持续发展大会，并发表《共同谱写人类可持续发展新篇章》的演讲。联合国可持续发展大会是自1992年联合国环境与发展大会和2002年可持续发展世界首脑会议后，在可持续发展领域举行的又一次规模大、级别高的国际会议。大会围绕"可持续发展和消除贫困背景下的绿色经济"和"促进可持续发展的机制框架"两大主题展开讨论，全面评估20年来可持续发展领域的进展和差距，重申政治承诺，应对可持续发展的新问题与新挑战。

11月8日—14日，中国共产党第十八次全国代表大会举行。十八大报告首次单篇论述生态文明，把生态文明建设提升到与经济建设、政治建设、文化建设、社会建设五位一体的战略高度。

2013年

5月24日，中共中央政治局就大力推进生态文明建设进行第六次集体学习。习近平总书记在主持学习时强调，坚持节约资源和保护环境的基本国策，努力走向社会主义生态文明新时代。

11月13日，中国环境与发展国际合作委员会2013年年会在京举行。

2014年

6月23日—27日，联合国环境大会首届会议在肯尼亚首都内罗毕开幕。联合国副秘书长兼环境规划署执行主任施泰纳就全球环境问题以及科学与政策的联接向大会做政策报告。中国政府代表团团长针对"可持续发展目标与2015年后发展议程，可持续消费与生产"主题专门发言。

2015年

7月1日，习近平总书记主持召开中央全面深化改革领导小组第十四次会议并发表重要讲话。会议审议通过了《环境保护督察方案(试行)》《生态环境监测网络建设方案》《关于开展领导干部自然资源资产离任审计的试点方案》《党政领导干部生态环境损害责任追究办法(试行)》。

9月11日，中共中央政治局召开会议，审议通过《生态文明体制改革总体方案》。不久，中共中央、国务院印发《生态文明体制改革总体方案》。

11月19日，中美环境合作联合委员会第五次会议在华盛顿举行，并签署《中美环境合作联合委员会第五次会议联合声明》，续签《中华人民共和国环境保护部和美利坚合众国环境保护局环境合作谅解备忘录》。

2016年

1月11日，2016年全国环境保护工作会议召开。李克强总理批示指出：2015年，全国环保系统按照党中央、国务院决策部署，扎实做好环境保护工作，在推进污染治理、严格环境执法、深化环保领域改革等方面都取得新进展。谨向同志们致以诚挚问候。新的一年，望牢固树立五大发展理念，统筹把握好发展与保护的关系，以改善大气、水、土壤环境为重点，注重发挥市场机制的作用，加强污染治理和生态保护，加大农村环境综合整治力度，加快发展节能环保产业，严格环境风险管控，为实现经济发展与环境改善双赢、全面建成小康社会做出更大贡献。会议强调要将改善环境质量这个核心贯穿到环保工作的各领域和全过程,加快转变思想观念、工作思路和方式方法,为"十三五"环保工作开好局、起好步。

5月26日,第二届联合国环境大会高级别会议在内罗毕联合国环境规划署总部举行。中国政府代表团参加会议并作主题发言。

同日,由中国环境保护部、联合国环境规划署共同举办的《可持续发展多重途径》和《绿水青山就是金山银山:中国生态文明战略与行动》报告发布会在内罗毕联合国环境规划署总部召开。

12月7日—9日,中国环境与发展国际合作委员会2016年年会在北京举行。国务院副总理、国合会主席张高丽出席会议并讲话。中国环保部部长与联合国副秘书长、联合国环境规划署执行主任共同签署《中华人民共和国环境保护部与联合国环境规划署关于建设绿色"一带一路"的谅解备忘录》。

2017年

6月23日,第三次金砖国家环境部长会议在天津举行。会议发表了《第三次金砖国家环境部长会议天津声明》,通过了《金砖国家环境可持续城市伙伴关系倡议》。

7月18日,环境保护部、国家发展改革委联合召开视频会议,就贯彻落实中共中央办公厅、国务院办公厅印发的《关于划定并严守生态保护红线的若干意见》进行动员部署。

12月4日,第三届联合国环境大会在肯尼亚首都内罗毕召开。共同签署了《中华人民共和国环境保护部、肯尼亚环境与自然资源部和联合国环境署关于设立中非环境合作中心项目合作意向书》《中华人民共和国环境保护部与联合国环境署战略合作框架协议》。

2018年

3月17日,十三届全国人大一次会议举行第五次全体会议。会议通过了关于国务院机构改革方案的决定,批准了这个方案。根据该方案,国家将组建生态环境部。

5月7日,生态环境部部长李干杰主持召开生态环境部部务会议,审议并原则通过《环境污染强制责任保险管理办法(草案)》。副部长黄润秋、翟青、刘华,中央纪委驻生态环境部纪检组组长吴海英,副部长庄国泰出席会议。机关各部门主要负责同志参加会议。

5月18日,第四次金砖国家环境部长会议在南非德班召开。中国生态环境部副部长黄润秋应邀参加会议并会见南非环境事务部部长艾德娜·莫莱瓦。

5月18日—19日,全国生态环境保护大会在北京召开。中共中央总书记、国家主席、中央军委主席习近平出席会议并发表重要讲话。中共中央政治局常委、国务院总理李克强在会上讲话。中共中央政治局常委、全国政协主席汪洋,中共中央政治局常委、中央书记处书记王沪宁,中共中央政治局常委、中央纪委书记赵乐际出席会议。中共中央政治局常委、国务院副总理韩正作总结讲话。国家发展改革委、财政部、生态环境部、河北省、浙江省、四川省负责同志作交流发言。中共中央政治局委员、中央书记处书记,全国人大常委会有关领导同志,国务委员,最高人民法院院长,最高人民检察院检察长,全国政协有关领导同志出席会议。各省区市和计划单列市、新疆生产建设兵团,中央和国家机关有关部门、有关人民团体,有关国有大型企业,军队有关单位负责同志参加会议。

6月16日,中共中央 国务院印发《关于全面加强生态环境保护 坚决打好污染防治攻坚战的意见》。

6月23日—24日,第二十次中日韩环境部长会议在江苏省苏州市举行,中国生态环境部部长李干杰、日本环境省大臣中川雅治、韩国环境部部长金恩京率团出席会议并分别发表主旨演讲。期间,李干杰分别与日本环境大臣中川雅治和韩国环境部长金恩京举行了中日、中韩双边会谈,李干杰部长与中川雅治大臣共同签署有关合作备忘录。

2019年

1月22日—23日,第3次中韩环境合作政策对话会和第23次中韩环境合作联委会在韩国首尔召开。

3月11日—15日,第四届联合国环境大会在肯尼亚内罗毕联合国环境署总部召开,由生态环境部、外交部、国家发展改革委和常驻环境署代表处组成的中国政府代表团参会,代表团长、生态环境部副部长赵英民在高级别会上发言。

4月1日,第七次中欧环境政策部长对话会在中国北京举行。双方就生物多样性保护、固体废物和化学品管理、海洋环境保护、污染防治与环境治理以及围绕可持续发展目标的国际合作等议题进行了深入讨论。

4月25日,第二届"一带一路"国际合作高峰论坛绿色之路分论坛在京举行。分论坛由生态环境部、发展改革委联合主办,主题为"建设绿色'一带一路',携手实现2030年可持续发展议程",旨在分享生态文明和绿色发展的理念与实践,推动共建国家和地区落实2030年可持续发展目标,打造绿色命运共同体。

5月14日—15日,中哈环保合作委员会第七次会议在北京举行。

6月2日,中国环境与发展国际合作委员会2019年年会主席团会议在浙江省杭州市召开。会议听取了国合会工作报告,并通过2019年年会议程及2019—2020年度工作计划。

6月5日,2019年世界环境日全球主场活动在浙江省杭州市举行,国家主席习近平致贺信。习近平指出,人类只有一个地球,保护生态环境、推动可持续发展是各国的共同责任。当前,国际社会正积极落实2030年可持续发展议程,同时各国仍面临环境污染、气候变化、生物多样性减少等严峻挑战。建设全球生态文明,需要各国齐心协力,共同促进绿色、低碳、可持续发展。习近平强调,中国高度重视生态环境保护,秉持绿水青山就是金山银山的重要理念,倡导人与自然和谐共生,把生态文明建设纳入国家发展总体布局,努力建设美丽中国,取得显著进步。面向未来,中国愿同各方一道,坚持走绿色发展之路,共筑生态文明之基,全面落实2030年议程,保护好人类赖以生存的地球家园,为建设美丽世界、构建人类命运共同体作出积极贡献。

中共中央政治局常委、国务院副总理韩正出席在浙江省杭州市举行的2019年世界环境日全球主场活动,宣读习近平主席的贺信并发表主旨讲话。

6月12日,第十七届中国国际环保展览会及2019环保产业创新发展大会上午在北京开幕。

7月2日—5日,特隆赫姆第九届生物多样性大会在挪威召开。会议围绕保护生物多样性,制定兼具雄心与现实的2020后全球生物多样性框架,推动明年在中国昆明举办的《生物多样性公约》第十五次缔约方大会(COP15)的成功举办等进行讨论。会上,14个国家代表共同发布了《应对生物多样性丧失危机的特隆赫姆行动倡议》。中国代表团长、生态环境部副部长翟青在开幕式中致辞,会议期间与芬兰、德国、挪威、日本、印度尼西亚代表团长以及《生物多样性公约》执行秘书等举行了工作会谈。

7月26日,中俄总理定期会晤委员会环保合作分委会第十四次会议在北京召开。

8月15日,第五次金砖国家环境部长会议在巴西圣保罗召开,会议主题为"城市环境管理对提高城市生活质量的贡献"。会议审议通过了《第五次金砖国家环境部长会议联合声明》和部长决定等文件。

8月16日,第28次"基础四国"气候变化部长级会议在巴西圣保罗举行。会上,中国、印度、巴西、南非就气候变化多边进程中的重大问题交换意见、协调立场,并发布联合声明。四国部长商定,第29次"基础四国"气候变化部长级会议将由中国举办。

8月20日,在甘肃考察的习近平总书记来到中农发山丹马场有限责任公司一场,实地察看马场经营发展情况,听取祁连山生态修复工作。习近平表示,这些年来祁连山生态保护由乱到治,大见成效。来到这里实地看一看,才能感受到祁连山生态保护的重要性。祁连山是国家西部重要的生态安全屏障,这是国家战略定位,不是一省一地自作主张的事情。甘肃生态保护工作体现了新发展理念的要求,希望继续向前推进。我们发展到这个阶段,不能踩着西瓜皮往下溜,而是要继续爬坡过坎,实现高质量发展,绿水青山就可以成为金山银山。

8月20日,《生物多样性公约》第十五次缔约方大会筹备工作组织委员会第一次会议在北京召开。

9月3日,国务院新闻办公室发表《中国的核安全》白皮书。

9月10日—11日,2019欧亚经济论坛生态分会暨亚信生态城市建设经验交流研讨会在西安举行。

9月16日—20日,国际原子能机构第63届大会在奥地利维也纳举行,机构代理总干事科尔内尔·费卢塔出席大会并致辞。中国生态环境部副部长、国家核安全局局长刘华出席大会,并于18日与国际原子能机构副总干事胡安·卡洛斯·伦蒂霍共同签署《中华人民共和国国家核安全局与国际原子能机构之间有关核与辐射安全领域合作的实际安排》。

9月18日上午,中共中央总书记、国家主席、中央军委主席习近平在郑州主持召开黄河流域生态保护和高质量发展座谈会并发表重要讲话。他强调,要坚持绿水青山就是金山银山的理念,坚持生态优先、绿色发展,以水而定、量水而行,因地制宜、分类施策,上下游、干支流、左右岸统筹谋划,共同抓好大保护,协同推进大治理,着力加强生态保护治理、保障黄河长治久安、促进全流域高质量发展、改善人民群众生活、保护传承弘扬黄河文化,让黄河成为造福人民的幸福河。

9月23日,联合国气候行动峰会在美国纽约联合国总部举行。中国气候变化事务特别代表解振华出席峰会。

9月24日,"一带一路"绿色发展国际联盟和博鳌亚洲论坛在北京联合发布《"一带一路"绿色发展案例研究报告》。中国环境与发展国际合作委员会暨"一带一路"绿色发展国际联盟圆桌会在美国纽约召开。

版权说明

1. 本系列丛书所有选编内容,均已明确标明文献来源;

2. 由于本系列丛书选编所涉及的版权所有者非常多,我们虽尽力联系,但不能完全联系上并取得授权;

3. 如版权所有者有版权要求,欢迎联系我们,并敬请谅解。

本丛书编委会

(复旦大学马克思主义学院,上海,邮编200433)

2020 年春